# 第一次

# 登月

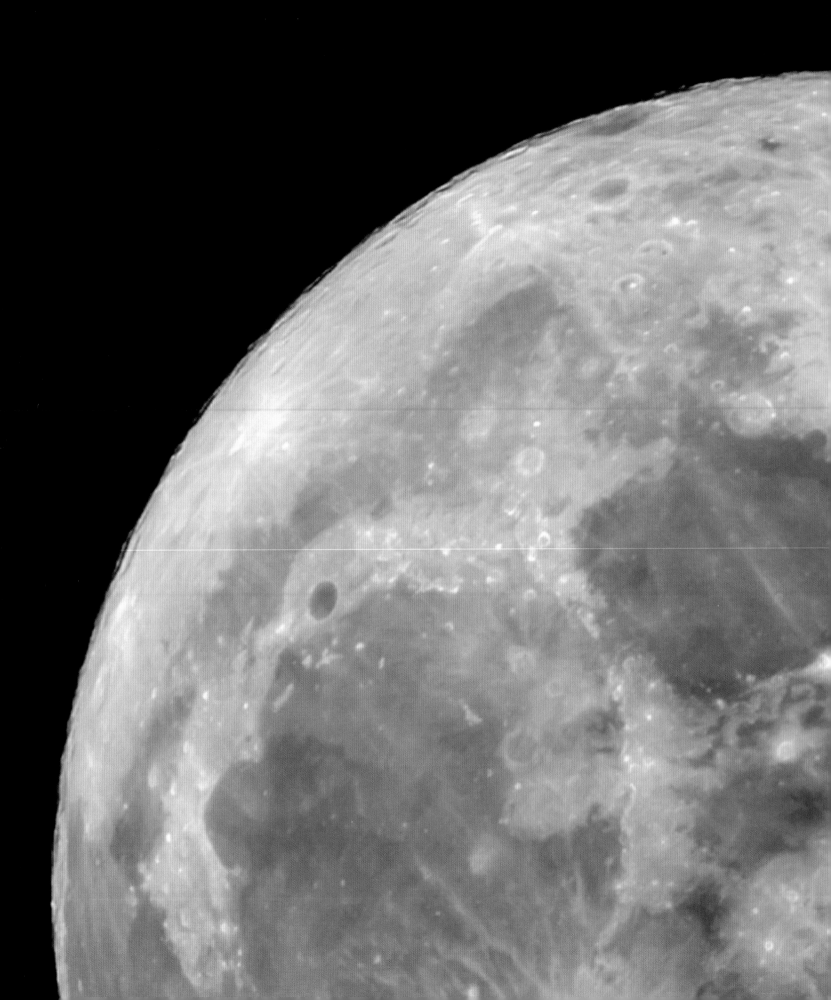

# 第一次

# 登月

## 阿波羅 11 號經歷 50 週年

羅德 派爾

巴茲・艾德林 序

# 第一次登月 ◆ 阿波羅11號 登月50週年

## FIRST ON THE MOON THE APOLLO 11 50TH ANNIVERSARY EXPERIENCE

作者／羅德‧派爾 Rod Pyle

譯 者／周莉莉

總編輯／沈昭明

社長／郭重興

發行人暨出版總監／曾大福

出版／廣場出版社

發行／遠足文化出版事業股份有限公司

231新北市新店區民權路108-2號9樓

電話／(02)2218-1417

傳真／(02)8667-1851

客服專線／0800-221-029

E-Mail／service@bookrep.com.tw

網站／http://www.bookrep.com.tw/newsino/index.asp

法律顧問／華洋國際專利商標事務所 蘇文生律師

印刷／前進彩藝股份有限公司

初版一刷 2020年1月 定價 1000元

國家圖書館出版品預行編目(CIP)資料

第一次登月：阿波羅11號登月50週年/羅德‧派爾(Rod Pyle)作；周莉莉譯. -- 初版.
新北市：廣場出版：遠足文化發行, 2020.01
面；   公分
譯自：First on the Moon: The Apollo 11 50th Anniversary experience
ISBN 978-986-98645-0-3(精裝)
1.太空科學 2.太空飛行   326   108022265

謹以此書獻給

使人類的第一次月球探險得以實現的近五十萬

男女工作人員。

您們在不到十年的時間內完成了奇蹟。

# 目　錄

序言　viii

前言　x

第一章
「程式警報！」
1

第二章
登月競賽
9

第三章
登月太空人
19

第四章
該如何辦到？
27

第五章
真實功夫
39

第六章
登月機器一：
農神 5 號火箭
63

第七章
登月機器二：
登月小艇
79

第八章
倒數零秒
91

第九章
抵達月球軌道
107

第十章
安全登陸
117

第十一章
月球漫步
129

第十二章
平安返航
163

第十三章
登月之後
171

後記
重返月球
177

致謝辭　185

注釋　186

圖片出處　188

# 序　言

西元 1969 年 7 月 20 日，在發射升空歷經了 109 小時 43 分 10 秒鐘之後，我踏上了月球表面。阿波羅 11 號的任務，把我們送上了這令人生畏、滿佈岩石的世界，這是經過眾人十年來集體努力，發揮驚人創造力的極致，而且，這第一次登陸永遠改變了人類看待自己的眼光和看待天空的方式。

尼爾‧阿姆斯壯和我在月球表面上停留了兩個小時。我們在上面架起許多科學設備，和美國總統通話，收集土壤和岩石樣品，機動式進行實驗，月球表面的物理特性質，以及其它等等實驗。我們在這短暫的停留時間內所認識到的月球，遠比人類歷來所搜集到的月球資料還要多。在我們第一次簡短造訪所得知識的基礎上，之後又有五組阿波羅組員到月球探索。

如今，我們跨越在進入新太空時代的門檻上。數十年來我們利用太空梭和國際太空站在地球軌道工作，人類正認真地在思考要把人類送到更遠的地方去探險。像是由太空探索技術公司（SpaceX）、藍色起源公司（Blue Origin）以及聯合發射聯盟（United Launch Alliance，簡寫為 ULA）所製造出來的新式火箭，它們都蓄勢待發，準備要在天空開拓出一片新展望來。其它幾個國家和好幾家私人企業都擬訂了各自的探索太空計劃，彼此之間也在加強合作。我自己設計的有能力把人類送上火星的循環軌道太空船，且接受度已在增加。人類在太空探險和發展的未來，會越來越光明。

然而，這皆肇始於西元 1960 年代前進太空期間的對天空的初步試探性嘗試，造就了我在 1969 年在月球上留下第一批腳印。我非常自豪能夠身為那次令人難以置信之旅的一份子，如同那些隨我們之後登上月球的太空人同僚一樣。我也萬分感謝那些打造阿波羅計劃的四十多萬男男女女，支持該項計劃的美國民眾，以及隨後在太空裡所完成的每一項驚人成就。現在，是時候要更進一步實踐我們對太空的承諾了，而我很高興地說，我們仍在進行著。

當我想著還有許多太空探險等著我們去實踐時，實在很難相信尼爾和我在月球上漫步，轉眼已經五十年了。或許是個人私見，但我認為登陸月球是二十世紀人類成就的顛峰，而且它證明了只要我們願意一起為崇高遠大、值得努力的目標奮鬥就一定會成功。初次登上月球的那一趟旅程和所有回憶至今仍然歷歷在目，它們會永遠陪伴著我。我希望各位和我一起享受在這本書中所重現那些美好的記憶。

謹祝　終抵星辰（Ad Astra）*

巴茲‧艾德林
太空人暨全球太空政治家
美國國家太空協會理事會

（＊譯注：Ad Astra，全句是 Per aspera ad astra，拉丁文，意思是：「經歷艱困，終抵星辰」。美國國家太空協會出版了一本雜誌就取名為 Ad Astra，每季出版一次印刷版和電子版。）

（左頁）埃德溫‧尤金‧「巴茲」‧艾德林（Edwin E. "Buzz" Aldrin）整裝完畢，正在測試他的通訊系統，他之後即將要登上阿波羅十一號任務太空船。

# 前　言

美國國家航空暨太空總署（NASA，以下簡稱太空總署）和我的年紀只差兩歲。我出生於西元 1956 年，太空總署則是成立於西元 1958 年。從西元 1960 年代中期開始，隨著雙子星太空計劃（Gemini program）展開，我也同時開始了我這一生對太空探險的熱愛和對太空科學的迷戀，等到這個計畫發展到阿波羅計畫時，我簡直深陷不可自拔。人類就要上月球了，為了深入了解這個計畫，我讀遍所有我能找得到的跟它有關的資料。

對於我這樣的年輕心靈，這是人類最偉大的行動：要將我們的領域超越地球作戲劇性的擴展，開拓人類的終極疆域。阿波羅計畫是宇宙探險的第一步，像幾年前我在電視上看到的科幻影集，如《星際爭霸戰》和《太空迷航》的播出，坊間也讀到羅伯特 · 海恩萊恩（Robert Heinlein）和雷 · 布萊伯利（Ray Bradbury）的太空科幻作品。然而，有別於許多這些故事裡面所表演的「繫上安全帶就走」的太空飛行方式，太空總署執行其太空飛行計畫，可是發揮了冷靜的效率、紀律及決心。當然，還有為了美國必須要在太空競賽裡把勁敵蘇聯打敗才行。蘇聯已經在好幾項太

艾森豪總統（中）於西元 1958 年簽署成立美國國家航空暨太空總署（NASA）。在太空總署成立儀式上，他正式任命湯瑪斯 · 基思 · 格倫南（T. Keith Glennan）（右）和休 · 德萊頓（Hugh L. Dryden）（左）分別擔任首任署長及副署長。

空飛行記錄裡打敗美國贏得第一，雙方競爭長達十年之久，爭相搶著率先把人送上月球。

不過，對一個十分關注太空飛行的年輕人來說，西元 1960 年代真是辛苦的十年。當時，全美只有三大商業電視網，也只有少數幾份期刊會固定報導有關太空飛行和太空總署的消息。談論這方面主題的書籍可說是寥寥無幾，所寫的不是給年幼的孩子，就是給一般泛泛的成年讀者——當時還沒有像往後接下來的十年間有大量過剩的可讀資料冒出來。在發展登月計畫漫長且充滿挑戰期間，初期只有少數幾份受歡迎的雜誌和電視上偶爾出現有關登月計畫的簡短報導，能用一種適合像我當時年紀般孩子所能理解的方式報導。想要取得多一點我能看得懂的資料，是件很不容易的事，可是，等到開始進行阿波羅 8 號和阿波羅 11

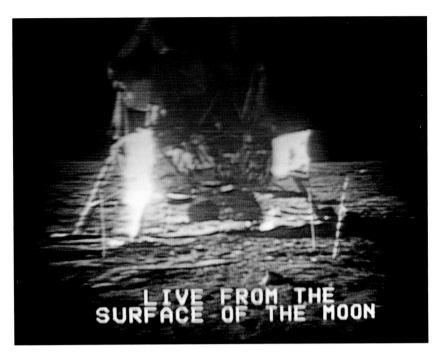

埃德溫‧尤金‧「巴茲」‧艾德林（Edwin E. "Buzz" Aldrin）整裝完畢，正在測試他的通訊系統。他之後即將要登上阿波羅 11 號太空船，準備出發到月球。阿波羅 11 號登陸月球時傳送回來的畫面，配上超現實感的標題：從月球表面現場直播。

號飛行計畫時，全國的媒體都開始蜂擁報導這件世紀大事。一旦我們真的要飛往月球，不再只是做做計畫而已了，這時候，全世界都緊盯著電視和守在收音機旁，時時刻刻關心著這些任務的進行及發現。

阿波羅 11 號所完成的任務無疑是人類歷史上最知名也是最偉大的成就。那一年，我十二歲，農神 5 號火箭發射升空把哥倫比亞號指揮艙和老鷹號登月小艇送上了月球。當時，我把家裡頭兩台電視機都拖到了客廳（這可不是件輕鬆小事，當年電視機的尺寸可是像洗碗機那麼大），兩台都是黑白電視，正適合轉播登月任務的灰色和粗粒子畫面。我把兩台電視機並排在一起，這樣我就可以同時收看到兩家不同電視台所播報的內容——這是我個人設置的任務面指揮中心。

那天晚上的首次月球漫步，整個過程發生得太快了。我每分每秒緊盯著電視看任務的進行，從發射前的準備，到太空總署發射報導員傑克‧金（Jack King）精彩的發射解說，還有美國哥倫比亞電視廣播公司電視網（CBS）的主播華特‧克朗凱（Walter Cronkite），對任務的即時精彩報導。當克朗凱在才剛退休知名太空人華利‧舒拉（Wally Schirra）的協助下，向觀眾解說首次在月球表面登陸有多危險時，首張從月球表面傳回來的畫面出現在電視

上，我跟他們一起都激動得說不出話來——「休士頓，寧靜海基地呼叫。**老鷹號**著陸了。」電視螢幕下方打出一則標題，「月球表面現場直播」，這是有史以來第一次。光這幾個字就夠扣人心弦。舒拉說，「噢，老天」，克朗凱屏住了呼吸，說道「華利，你講點話吧……我不知道該怎麼形容！」

這是光榮的一刻。

眾人當中只有少數幾人知道當時的太空艙有多脆弱，以及當時的登月任務有多危險。阿波羅計畫已經應用到 1960 年代最頂尖的科技了，而接下來一連串不可思議的成功——甚至包括阿波羅 13 號全體組員能夠平安返航——全都是這個年輕又充滿活力的太空總署堅定不移不斷努力的最好證明。事實上，從西元 1972 年以後，我們就不曾再把人類送上月球，由此可知，要執行登月任務是何其複雜、冒險的事。我們對這些太空時代的先鋒真是虧欠甚多。

可惜的是，大眾對太空任務的濃厚興趣以及媒體對太空總署大幅報導的盛況並沒有維持太久。正當阿波羅 14 號在月球漫步到一半的時候，當大家確認它不會出現像阿波羅 13 號那樣生死攸關的驚人大場面時，所有電視台都把鏡頭切換到「正常節目播出」。真是難以想像！當人類正在月球探險的重要時刻，電視台竟然在播放肥皂劇和笑鬧劇。

哥倫比亞電視廣播公司把登月畫面切換到它的長壽劇《世界隨時在改變（*As the World Turns*）》；美國國家廣播公司（NBC）改回播出它更長壽的長壽劇《我們的日子（*Days of our Lives*）》；美國廣播公司（ABC）則是照常播出它的《杏林春暖（*General Hospital*）》。其它小型地方電視頻道竟然在重播《我愛露西（*I Love Lucy*）》。

我打從心底沒辦法原諒他們。

儘管我們在 1972 年以前的太空成就已經達到令人目眩神迷的程度，可是，在那之後，一切都結束了。阿波羅 18號、19 號和 20 號的計畫全部取消，據說是因為財政方面的因素，尼克森政府早已把阿波羅太空船扔到博物館裡面，以及歷史的廢物堆。只要再一次農神 5 號火箭，就可發射太空實驗室，隨後三具農神 1B 載著太空人組員到太空站，然後一具農神 1B 和指揮艇將與蘇聯太空船對接，但是此劃時代的登月任務卻結束了。沒有人能夠想像這項進行中的偉大計畫竟然就這樣戛然而止，可是事實就是如此。那些推動阿波羅計畫的高超工程專業知識和絕頂的技術能力，後來都拿去轉用在太空梭上了，而在接下來的四十年裡，太空總署用於探索地球軌道的預算逐年都在遞減。

幸好，儘管發生上述的情況，現在大家對太空的興趣又漸漸熱絡起來了，值此人類首次登月五十週年之際，我們又重新站上新太空時代的起點。世界上有好幾個國家預計在幾年內要再把人類送上太空：中國要建置大型的太空站，印度很快就要把首批太空人送上太空軌道，還有美國太空總署，它開始與國際合作，準備投入建置月球軌道太空站。更別提有多位私人企業家也對太空探險感興趣，新太空時代裡那幾位聰明果決的億萬富翁，他們很快就會把太空人送進太空軌道，送上月球。如果太空探索技術公司（SpaceX）創辦人伊隆・馬斯克（Elon Musk）準備就緒，能實現他的計劃，就會把太空人送上火星。

完全不像我小時候的樣子，今天有成千上萬個專業媒體為喜愛太空和科學的觀眾服務，從網路到專業的有線電視台，從按需（求）列印（niche print），只等接到客戶訂單才將書本印刷出來，到電子書商。我們現在所處的這個新太空時代，所有的消息都將會以前所未見的方式被大幅報導出來，這對我們這些喜愛太空探險的人而言，真是太有福了。我們即將迎向一個光明嶄新的時代，看到這樣的時代終於來臨，我心情為此激盪。

這一切都是從阿波羅太空之旅開始的，人類第一次脫離地球軌道的搖籃。太空人登上月球的勇氣，把他們送上月球五十萬人的辛苦奉獻，我永遠銘記在心。有人或許會懷念甘迺迪總統執政時期是「卡美洛年代」，把它比喻做亞瑟王的黃金歲月，但對我而言，人類第一次超越地球，到達另一個世界，才是我所記得的二十世紀最光輝燦爛的時刻。

這是我的殊榮及特權，可以在祝登月五十週年之時，把阿波羅 11 號無比壯麗的旅程分享給大家。從它勇敢的出發，歷經看似無法克服的挑戰，到最後辛苦贏得的勝利，我希望大家能享受此歷程，並對即將到來的太空探險感受興奮的火花。

現在……讓我們出發上月球吧！

（右頁）用藝術手法呈現的阿波羅 11 號的農神 5 號火箭。拍攝地點在甘迺迪太空中心的載具裝配大樓（Vehicle Assembly Building，簡寫為 VAB），時間為西元 1969 年 5 月 20 日。當時正要將它送往發射台。

# 第 1 章

# 「程式警報！」

「太空人登陸月球，這不只是歷史的一步；這是進化史上的一步。」

——紐約時報社論，西元 1969 年 7 月 20 日

西元 1969 年 7 月 20 日，廣濶蒼涼的寧靜海在太陽底下兀自承受著陽光照射，一如過去四十億年來一般。這個相較之下比較平坦的盆地是因為月球在猛烈地形成之初，有玄武岩熔岩流入這片廣大地區造成的；它就是我們平常盯著月亮看時會見到的那塊陰暗的斑點。此處的寬度大約有 540 英里寬（870 公里），它在月球形成之後經過六億年才慢慢變成現在這福面貌。這裡極度寧靜。玄武岩平原上覆蓋著受日照褪色的岩礫，顏色從白堊灰到可可棕都有。往地平線展望是一廣闊的平原，有一些低短隕石坑邊脊起伏著。由於月球表面曲度的關係，地平線很快就往下掉下去，大約就在前方 1.5 英里（2.4 公里）遠處。因為月球沒有大氣層可以調節溫度，散佈在月球表面的岩石和石塊的溫度因此有著很大差異，有陽光照射的一面，溫度可以超過華氏 200 度（攝氏 93 度），而在背著陽光的陰暗面溫度則會降掉到華氏零下 250 度（攝氏零下 157 度）。這裡的地表景觀顯示出不尋常地平坦、磨蝕特性，這是數十億年來受到太空微隕石轟擊的結果，不過，除此以外，基本上自其形成後沒有變化。寧靜海，是座保存良好的早期太陽系博物館，已存在了四十億年的舘藏資料。

但是，改變就要發生了——數十億年來的第一件大事就要發生了。這件即將發生的事，對月球悠久的歷史而言，是件微不足道的小事，但是對高掛在天邊的小小

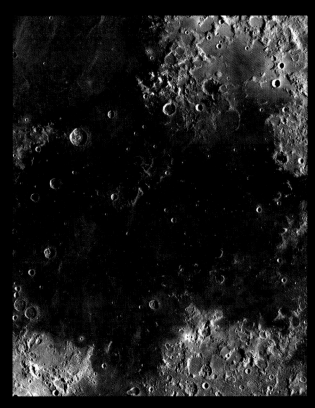

（上圖）寧靜海，阿波羅 11 號降落區，此為從美國太空總署發射到月球軌道上的偵測飛行器（Lunar Reconnaissance Orbiter，簡寫成 LRO）傳回來的照片。

（前頁）尼爾 · 阿姆斯壯在登月小艇模擬機上，他正在接受阿波羅 11 號登月計畫訓練。

「仰轉飛行」的老鷹號登月小艇。阿姆斯壯將登月小艇翻轉過來飛，原本是頭下腳上往月球表面飛，現在改為頭上腳下，因此他們在下降時可以遠遠看到下方的月球表面。

藍色星球（地球）而言，卻是改變一生的大事。就在月球地平線正上方的高處，有個極小型的太空小艇，剛剛點燃了它的火箭引擎，現正朝著表面滿是隕石坑洞的無垠大地而來。在它的上方，有另一個共同出任務的小型太空船，裡面有一位太空人單獨操控著，他在月球軌道上，等著兩位勇敢的探險者完成任務之後返航。

經過九年拼了命的努力，阿波羅十一號終於抵達月球了。

## 「啟動動力下降（GO FOR POWERED DESCENT）」

朝著月表直奔而去的鋁製小艇中，兩位太空人立在艙裡，身體以安全帶固定在地板上，無線電響起一陣沙啞的聲音傳送到他們的耳機裡。尼爾・阿姆斯壯（Neil Armstrong）和巴茲・艾德林（Buzz Aldrin）專心一致在執行他們的任務——阿姆斯壯，是任務指揮官，當登月小艇（Lunar Module，通常簡寫為 LM，發音是「LEM /l'ɛm/」），緩緩盤旋接近月面時，他仔細監看著窗外。而艾德林，LM駕駛，他正忙著操縱無線電，想把收訊改善得好一點。

從地球傳來的指令實在讓人聽不清楚在講什麼，因為在太空艙裡很難把天線瞄準地球。麥可・柯林斯（Mike Collins），那位在月球上方軌道指揮艙裡與他們一起出任務的夥伴，他努力要把地球來的指令傳送給兩位太空人，現在傳來的，是最重要的指令。

含糊不清的聲音傳來「呼叫**老鷹號**，這裡是休士頓。聽到的話，請執行動力下降。完畢。」聲音迴盪在登月小艇金屬空間裡。那是太空艙通訊員查理・杜克（Charlie Duke）的聲音，他也是阿波羅太空人之一，在德州休士頓的任務指揮中心坐鎮。太空艙通訊員（Capsule Communicator，簡寫為 CAPCOM）的任務是負責任務指揮中心與在飛行太空人之間的對話。麥可・柯林斯，在軌道上的指揮艙（Command module，簡寫為 CM）**哥倫比亞號**裡，也轉達了地面指揮中心的指令：「呼叫**老鷹號**，這裡是**哥倫比亞號**。他們剛剛下達了指令，要你們執行動力下降。」艾德林回報確認他收到了這項訊息。

就是這一刻了！他們馬上就要成為人類史上第一次登陸月球的兩個人……但他們也有可能會失敗。

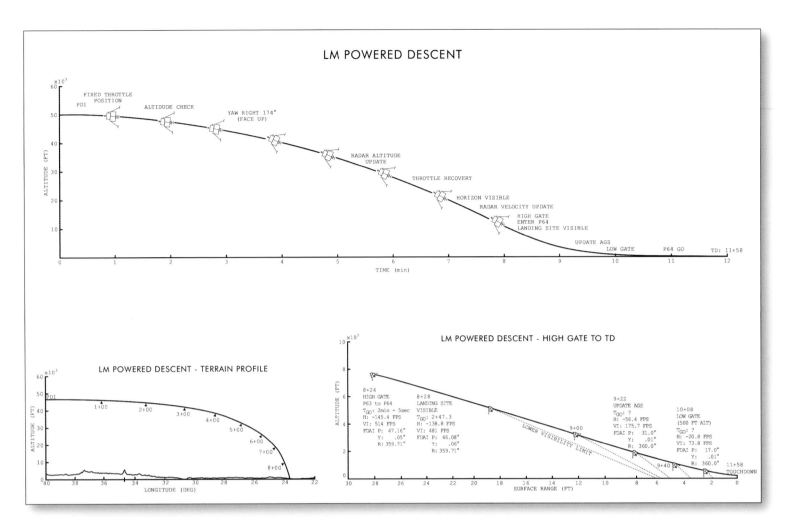

# LM POWERED DESCENT

## LM POWERED DESCENT - TERRAIN PROFILE

## LM POWERED DESCENT - HIGH GATE TO TD

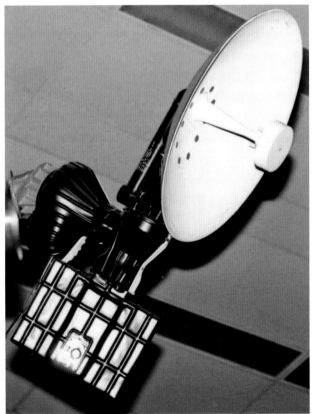

（上圖）此圖出自原始《阿波羅 11 號飛行計畫》中的登月小艇動力下降側面圖。

（左圖）登月小艇上的 S 波段天線是座可以操縱其收訊方向的天線，用來隨時保持與地球的通訊，必要時，也要用它來維持與指揮艙上的通訊。艾德林可以從他的控制台調整此天線。萬一這座 S 波段天線無法連繫得上，另外還有一座全方向低增益天線當做備用。

　　就是這個「也有可能失敗」的部分讓人焦慮。美國太空總署（全名是國家航空暨太空總署，簡稱太空總署）和它的承包廠商們，經過將近十年的時間，全力以赴，輪番加班，他們為太空飛行所做的努力，終於迎到這無與倫比時刻的到來：美國人要登陸月球了。但是，這樣的登月行動並不保證每次都會成功；在此之前，阿波羅太空船只有兩次成功載人飛到月球的紀錄，但是這兩次都沒有登陸——阿波羅 8 號飛到了月球，在軌道上停留了大概一天的時間就返航，而阿波羅 10 號則是進行了一次大膽「測預演試」，它的登月小艇曾經低空掠過月球表面，然後推升回到軌道上的阿波羅指揮艙返航。阿波羅 11 號是第一次準備要真的降落到月球表面。所以，正如這次登月行動的飛行總監金・克蘭茲（Gene Kranz）在稍後所說的，「從現在開始，我們的登月行動會有三種可能的結果。我們成功登

（上圖）此圖為美國太空總署所做的模擬照片，是假想阿波羅 8 號載人太空艙西元 1968 年當年在月球軌道上繞行的畫面。

（右圖）此為從艾德林阿波羅 11 號登月小艇的窗戶看出去的景象，他們正介於地球與月球之間。

陸月球，我們也可能放棄登陸，或者是我們墜毀了。後面這兩種情況可就不妙了。」[1]

那可真是不妙。但此刻在登月小艇裡的這對夥伴可沒心思去想什麼其它可能結果了，他們正全神貫注準備要降落在灰色的月球表面上。透過脆弱的登月小艇的窗戶，他們看到窗外月球表面的景象越來越大。

他們之前所受過的密集訓練馬上就要得到豐碩的回報了。身為一位阿波羅太空人，他所能給予幕後團隊最大的讚美，就是跟他們說一句：「任務進行得跟模擬的狀況一模一樣。」阿波羅的幕後團隊全部守候在德州休士頓太空中心以及佛羅里達州的甘迺迪太空中心；火箭就是從甘迺迪太空中心發射出去的。事實上，他們事先都已經把阿波羅 11 號在各方面可能遇上的狀況都模擬過成千上百次了。模擬測試監督員們——所謂的模擬小組（Sim Sups）——他們會拋出各種惱人的難題給受訓中的太空人們，看他們如何在地球上的模擬器中絞盡腦汁解決問題。精確地說，阿姆斯壯為了這次的太空任務，他已經接受過 959 小時各種狀況的訓練，而艾德林呢，也有 1017 小時。其中有三分之一的訓練是在登月小艇模擬器中進行的。到目前為止，他們這趟月球之旅一路上所碰的狀況，都值得得到那句他們最想聽到的讚美——一切就跟模擬的狀況一樣。

突然間，不一樣的狀況來了。

此為西元 1965 年出版的《旅月小艇培訓手冊》封面，此書是早期為太空人寫的登月小艇基本指南。在阿波羅計畫展開之後，這類精彩配上饒富趣味圖片的書籍已漸漸式微。

## 「一二〇二警報……」

就在準備登陸時，插入了第一個問題——從登月小艇傳來的無線電訊號突然從任務管制中心的螢幕上消失了。失去的訊號是傳輸太空人的聲音及太空艙裡好幾部電腦系統的數據，這些訊號提供管制員監控登陸行動。沒有了這些數據，地面人員就無法充份支援太空組員的登陸行動。艾德林手動開啟了輔助用的全方向天線，這使得他不得不把查看重要數據的目光從緊盯著的電腦螢幕上暫時移開一下。這座天線不如先前的精準，但是它有比較寬廣的收訊角度，不需要太準確地瞄準。電腦數據很快又恢復連線了。

第二個問題是稍長時間後才認出——阿姆斯壯發現他們偏離了預定降落地點三英里（大約五公里），他們飛過頭了，超越了原先想要去的地方。飛過頭的原因有好幾個，最主要的原因是指揮艇（與登月小艇）的對接通道間有殘留空氣，造成登月小艇在脫離指揮艇時，發生了像是開香檳酒要拔開瓶塞時產生砰的一聲爆裂。這就是將他們拋到幾英里之外的原因。而阿姆斯壯只簡單地說，「我們的位置檢查數據顯示我們偏離得有點遠。」

又過了一陣子，太空艙通訊員杜克說，「收到。可以了。你們可以繼續動力下降。你們可以繼續進行動力下降。」

然後，他們跟地面的數據連結又再度中斷。

當阿姆斯壯接下來要把登月小艇調整到適當的登陸方向時，突然，降到原來一半位置的燃料，出乎意料地開始在燃料槽中晃來晃去，這造成太空船搖晃很難控制。這是第三個問題。

接著，一則訊息傳來，讓任務管制中心裡面許多人的心臟嚇到快要停掉。阿姆斯壯用冷靜卻緊急的語氣簡單喊了一聲：「程式警報。」登月小艇裡，對於能否成功登陸最為關鍵的電腦，原本一直穩定地顯示不斷變動著的方向

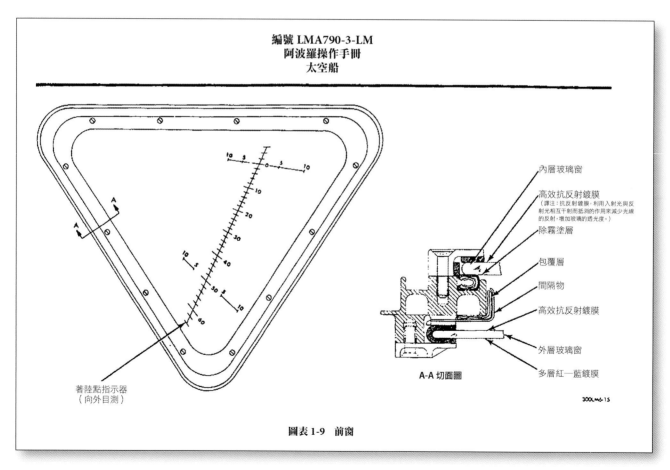

編號 LMA790-3-LM
阿波羅操作手冊
太空船

內層玻璃窗

高效抗反射鍍膜
（譯注：抗反射鍍膜，利用入射光與反射光相互干射而抵消的作用來減少光線的反射，增加玻璃的透光度。）

除霧塗層

包覆層

間隔物

高效抗反射鍍膜

外層玻璃窗

多層紅—藍鍍膜

A-A 切面圖

著陸點指示器
（向外目測）

圖表 1-9　前窗

這是蝕刻在登月小艇窗戶玻璃上的著陸點指示器（Landing Point Designator，簡寫為 LPD），這是個無技術可言卻是萬無一失最安全的方法，讓阿姆斯壯在降落月球表面時可以準確知道他的飛行位置。此圖出自《登月小艇操作手冊》。

和高度的讀數，現在定住不動了，亮起了四個無情的綠色數字：1202。高度和速度的指示器都靜止不動，1202 這個錯誤碼表示似指示電腦或是程式運算上有某個地方出了錯。這表示，有可能會要放棄登陸——隨時會有危險狀況發生。

此時的阿姆斯壯，略帶隱忍著的焦急口氣說道，「請解讀 1202 程式警報是什麼狀況。」他們此時的高度離月球表面三萬三千英尺（一萬公尺），而且正在急速下降中。

在任務指揮中心裡，有幾張茫然不知所措的面孔，更有其他幾位管制員趕緊拿出他們的筆記本迅速翻找——沒有人馬上知道 1202 警報是什麼，儘管有十分複雜的阿波羅導航電腦（Apollo Guidance Computer；縮寫成 AGC）一直在運算著。

要不要降落，這問題陷入了僵局。艾德林後來發表談話時說道，「模擬的時候，就是訓練你要立即給出一個確定的答案。所以你在模擬的時會盡力把事情做好。當不是處在模擬狀況的時候，你也就只會想把事情做好，把任務完成。」[2]

阿姆斯壯更簡潔地做個總結，「我們已經走到這個地步了，我們要登陸。我們不想半途而廢。」[3]

人類首次登陸月球的行動陷入了進退兩難的僵局中。

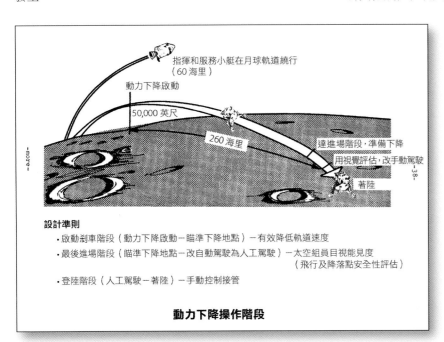

設計準則
- 啟動剎車階段（動力下降啟動–瞄準下降地點）–有效降低軌道速度
- 最後進場階段（瞄準下降地點–改自動駕駛為人工駕駛）–太空組員目視能見度（飛行及降落點安全性評估）
- 登陸階段（人工駕駛–著陸）–手動控制接管

**動力下降操作階段**

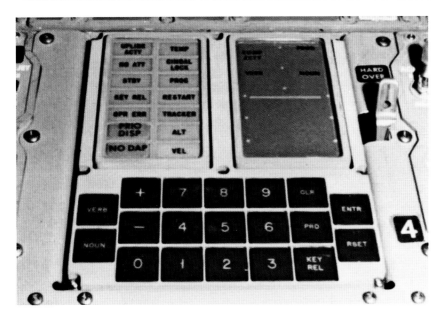

（上圖）在西元一九六九年發表的阿波羅 11 號新聞專輯中指出，當時阿波羅導航計算機因出現 1202 錯誤碼而中止運作時，阿姆斯壯和艾德林大約已經到達圖中所顯示的位置了。

（下圖）這是登月小艇上的數位電腦，是阿波羅導航計算機（AGC）。右側的螢幕突然出現 1202 警報，……還有一些其它的警訊。

# 第 2 章

# 登月競賽

「我們選擇在 10 年內登上月球以及完成其它夢想，並非它們輕而易舉，

而正是因為它們困難重重……」

——約翰 · 甘迺迪，

西元 1962 年 9 月在美國德州萊斯大學演講詞

美國登月之旅在剛開始時並沒有讓大家有十分樂觀的期待，雖然美國在當時已經有幾十年領先群倫的技術實力，如果要進行這項工作應該是穩操勝算才是。

自從同盟國在第二次世界大戰贏得勝利之後，美國在技術和工業實力方面都領先各國，名副其實的冠蓋群英，全國上下都自認能夠在革新創新的領域中獨占鰲頭。放眼望去，蘇聯是從這場衝突夾縫中崛起的國家，但是它飽受摧殘又破敗，連國內飢餓的人民都無法餵飽。歐洲，戰後分裂成兩大陣營，一邊是西方盟國，另一邊是受蘇聯控制的幾個小國，也是受到戰爭破壞正在復原中。日本，也正在努力從將近十年的戰爭和兩顆原子彈的重創中重建。唯獨只有美國，周旋於敵對國與同盟國之間，雖然參戰數年，人員精疲力竭，國土卻相對保持毫髮無傷。到了 1950 年代後期，美國國內大多數的公路上都看得到新車在跑，一下子突然冒出來五千萬台電視機出現在美國家庭的客廳裡，而多數人的廚房裡都有新式的家電產品可以幫忙打理家務，減輕家事辛勞。美國經濟在 1960 年代表現得十分活絡攀升到了頂峰。當時，在美國的日子真的很好過。

（上圖）西元 1945 年，一枚 V-2 火箭轟炸倫敦造成嚴重損壞。

（前頁）西元 1945 年第二次世界大戰後，英國在德國試射了德國科學家華納 · 馮 · 布朗所設計的 V-2 火箭。

正當其時，蘇聯人也積極努力在復甦，極盡可能利用任何有利因素來重建家園。到了西元 1950 年代中葉，蘇聯不僅能夠製造原子彈，更令西方人士擔憂的是，蘇聯竟然還製造出了一顆氫彈，這是他們長期利用特務間諜從美國偷取大量情報製造出來的氫彈。雖然蘇聯的經濟按照資本主義者的標準還稱不上穩健強大，但是他們儼然已經成為世界第二大強國——挑戰著美國的霸主地位。這不僅僅是在軍事方面，很快的也發生在科學和技術方面。而到了 1950 年代晚期，太空飛行的挑戰成了美、蘇競爭激烈的領域，沒有任何其它領域比得上。

雖說追求科學成就是探索太空的目的，其實大部分是為了一直在擴充的軍事力量妝點門面。第二次世界大戰過後，美、蘇兩國利用日新月異的技術所建置起來的核武彈藥庫已經到了令人恐懼的程度。而要把這些熾熱發光的核彈投擲到敵國去造成損傷，還是要靠轟炸機來載運這些核彈。這些笨重的轟炸機得要飛行千里，突破層層防衛的陸域（如果目標是美國境內的目標，還必須遠渡重洋飛過大海），去把它們所載運的致命武器投擲下去。為了製造更好的轟炸機已投入龐大的經費，但是到 1950 年代初期，雙方開始積極研發可以把核彈送去轟炸敵國的火箭。火箭一旦發射，即可直奔目標不受阻攔。美、蘇兩國都投注了大量金錢用來發展洲際彈道飛彈（intercontinental ballistic missiles，縮寫為 ICBMs），這才是太空探索的真正起源。

最早研發出來的飛彈是 V-2 火箭，華納・馮・布朗（Wernher von Braun）的智慧結晶。華納・馮・布朗是德國火箭奇才，在西元一九三七年加入納粹黨，當時他廿五歲，他認為加入納粹黨是讓他可以繼續研究火箭的唯一辦法。當德國決定投入戰爭時，他被徵召入伍，去到佩內明德（Peenemunde）主持德國陸軍的火箭計畫。他的任務是什麼？就是要發展史上第一枚引導彈道飛彈；這枚導彈要能攻擊英國、荷蘭、比利時以及鄰近各國境內鎖定的目標。

一具在倫敦撞擊點找到的 V-2 火箭引擎，時間是西元 1944 年。

到了二戰中期，英國倫敦、比利時的安特衛普（Antwerp）以及歐洲其它各國的首都全都感受到馮・布朗所創造出來的這精巧卻可怕的武器的衝擊。

西元 1945 年，當時德國處於戰敗頹勢，馮・布朗明白他必須要做個抉擇了。他可以選擇向蘇聯或美軍的前鋒部隊投降。由於他知道德軍對蘇聯造成非常巨大的傷害，於是他選擇了美國。就在馮・布朗同意向美國投降之後，他與他好幾百名同事一同被帶離歐洲前往美國安頓，連同他們大部分的飛彈製造工具機件也一起到了美國。當蘇聯入侵德國時，他們搜括了所有盟軍遺留下來的物資——及人員。從此演變成美國和蘇聯兩大強權同時發展火箭的情況。

### 西方世界的震撼

到了美國的馮・布朗，繼續改進他的設計，執行美國水星計畫第一次飛航任務的紅石飛彈（Redstone missile），就是從他的 V-2 火箭發展出來的成果。而在蘇聯（全名是蘇維埃社會主義共和國聯盟，簡稱蘇聯），德國和俄國工程師們精心製作了 R-7 火箭——這是與 V-2 火箭差別很大的設計，但是系出同源。兩者都是設計用來載運核子彈頭的火箭，但是最後分別完成美、蘇最早的衛星發射。蘇聯在西元 1957 年 10 月 4 日發射了他仿的第一枚人造衛星，也就是史普尼克衛星（Sputnik）。

這在西方世界引起了極大的震撼，警鐘響起，喚醒大家投入太空飛行的競賽。其實西方國家很早就知道俄羅斯在發展人造衛星和飛彈，但是當蘇聯真的成功把第一枚人造衛星送上軌道，大家還是感到措手不及。史普尼克衛星只是個 2 英尺寬（61 公分），重 184 磅（83 公斤）的球體，它對世界發出的警示聲其實還不如電子蜂鳴器發出的聲音，但是，緊接在它之後不到一個月所成功發射的史普尼克二號衛星，那可就是警鈴大作的聲響。史普尼克二號承載了一個 13 英尺長（4 公尺），重達 1100 磅（500 公斤）的太空艙，裡面帶了一隻活生生的小狗。這件事令人印象深刻的不只是在技術方面，同時也因為它能夠裝載的重量相當於一枚核子彈頭的重量——一枚可以從地球軌道上發射到美國國內任何地點的核子彈。那將會是個無從抵擋的武器。

在美國，則是交由美國海軍負責發射第一枚人造衛星。先鋒計劃（Project Vanguard）使用了特別設計的專用火箭，部分原因是為了向世界展示它純粹只是和平任務，它不會改變用途的飛彈發射。先鋒火箭和它所運載的衛星，跟俄國對手的比起來，兩者在體型上都小得太多了——美國先鋒計畫的衛星大約只有葡萄柚大小。然而，就在西元 1957 年 12 月進行試射時，也就是在蘇聯**史普尼克衛星**成功發射整整二個月後，美國先鋒火箭和衛星在電視現場直播當下

西元 1957 年，蘇聯成功發射史普尼克一號衛星，震驚了西方各國。

12

（前頁）美國海軍先鋒試驗飛行器三號（簡稱 TV3）於西元 1957 年升空時失敗，當時的電視向全世界直播升空時爆炸的畫面。

（上圖）由左至右分別是威廉・皮克林（William Pickering）、詹姆斯・範・艾倫（James Van Allen）和華納・馮・布朗，他們在美國成功發射第一枚人造衛星後的記者會上，聯手舉起探險家一號衛星的複製模型。該人造衛星成功發射的時間是西元 1958 年 1 月 28 日。

發射失敗，爆炸場面浩大令人驚訝。全世界目睹火箭在發射台上爆炸，一顆小小的衛星從推進器的頂端蹦出下，從火球中掉了下來，滾過發射台旁的機坪。它最後被找到時是卡在一堆爆炸廢棄物當中，當時還在持續發出嗶嗶聲。

處在蘇聯衛星的成功和先鋒衛星的失敗之間——被各媒體用不同的酸言酸語報導，像是用「撲通衛星（Flopnik）」、「完蛋衛星（Kaputnik）」和「跟風衛星（Stayputnik）」等字眼稱呼先鋒衛星，美國政府越來越覺得信心受挫。美國政府官員原本不願意把馮・布朗當作太空計畫的公共人物，部份因為他的納粹歷史，但隨著蘇聯的勝利，所有的睹注都押上了。當馮・布朗被問到有什麼辦法可以挽救先鋒計畫，受挫的馮・布朗說他可以「在九十天之內」把衛星送上地球軌道。受到「撲通衛星」這樣的諷刺，絕望之下，美國政府決定放手讓馮・布朗進行他的計畫，結果，六十天不到，探險家一號（Explorer 1）發

射成功——安置在一枚改造過的紅石火箭頂端，時間是西元 1958 年 1 月 28 日。美國成功發射人造衛星後，太空競賽從此正式邁向高潮。

美國太空總署（NASA）稍後在同一年內成立，美國正式把太空飛航當作民用事業，而美國空軍則繼續發展核子飛彈。事實上，兩者在西元 1960 年代大部分時間都混合在一起，太空總署的任務飛行還是用美國空軍的火箭，直到西元 1966 年。與美國不同的是，蘇聯方面的載人太空飛航計畫，則一直是在軍方嚴密控管之下。

蘇聯的太空飛行計畫一個接一個不斷創造令人驚豔的飛行記錄：第一顆送上地球軌道的人造衛星，第一次把生物送上太空（史普尼克二號衛星把名叫萊卡的小狗送上了太空），第一艘飛越月球軌道的太空船，還有其它好幾項記錄。這叫美國政府臉上實在掛不住。美國政府雖然堅決表示並沒有在跟蘇聯人進行所謂的太空競賽，實際上卻因為被國內、外媒體視為老二而感到苦惱。冷戰期間，各國對美國的看法變得十分重要，如果在科技和軍事實力排行第二的話，就無法在國際社群間得到支持和擁戴。美國領導人非常看重國際間——尤其是來自不結盟國家的支持，它能決定這些國家是追隨共產教條，還是民主條件。在這二分的世界，多數國家要在兩大超強之間選擇結盟對象，美國可千萬不能失去對這些國家的影響力。

## 蘇聯人，美國黑猩猩

美國難堪的時刻還沒結束。到了西元 1960 年，美、蘇兩大強國爭相比賽看誰能率先把人類送上太空。蘇聯已經發展到洲際彈道飛彈第七號（R-7），而美國則是在馮・布朗較小型的紅石火箭基礎上繼續研發，稍後做出了較大較強的擎天神火箭（Atlas rocket）。雙方的太空計畫都快速地往前推進，美國太空總署在西元 1961 年 1 月 31 日將一隻名叫漢姆（Ham）的黑猩猩送上了太空（牠的名字是為了紀念霍洛曼航太醫學中心（Holloman Aerospace Medical Center，取用了每字字首的字母拼成；霍洛曼航太醫學中心是位在美國新墨西哥州空軍基地裡的一間醫院），載運漢姆的是美國太空總署新的水星計畫（Project Mercury）太空艙。由於擔心太空飛行會對人類造成不良影響，所以先送一隻靈長類動物上太空，好讓醫生研究動物對無重力狀態的反應。這次是一個次軌道飛行，僅僅進行了 16 分鐘，因為使用的紅石推進器無法把太空船推進入地球軌道。漢姆平安歸來，除了有些躁動之外，全身毫髮無傷。美國於是加緊速度準備要將第一位太空人送上太空。

蘇聯仍是勝出一籌。西元 1961 年 4 月 12 日，蘇聯發射了東方一號太空船（Vostok1），上面載了一位太空人尤里‧加加林（Yuri Gagarin）。他在發射升空之後繞行地球軌道一周然後重返地球，降落在西伯利亞，歷時 108 分鐘。舉世為此創舉同聲慶賀，美國政府也不得不向蘇聯領袖致上祝賀之意，一邊還要療癒受了傷的自尊心。蘇聯又再一次超越美國。

太空總署的水星計畫終於在西元 1961 年 5 月 5 日成功發射一次載人的太空飛行。這又是一次次軌道短程飛行，時間僅維持超過 15 分鐘，但這證明水星計畫的太空船可以穩妥地載人上太空了。美國終於也有自己的「在太空裡的人」了。這位唯一的太空乘客是艾倫‧薛帕德（Alan Shepard），他是水星計畫在西元 1959 年所挑選出來的 7 位太空人中第一位被選中送上太空的人。儘管在紐約市舉行了盛大遊行，人們從街道兩側高樓向外拋撒紙屑歡慶完成

這項成就，總統也頒發了獎章，可是這一切都顯得空洞不實。因為蘇聯還是保持著所有領先紀錄。蘇聯在西元 1960 年又再送了兩隻狗上軌道，還成功讓牠們活著回到地球，在西元 1961 年又成功地把第一艘太空船送上了金星（雖然它的無線電在飛越金星時故障了，但這仍然是一項了不起的成就），他們還把第一位太空人送上軌道，而且會繼續多年在太空飛行第一的紀錄上得分。

這讓美國政府領導人感到十分焦慮，尤其對於剛選上總統的約翰‧費茲傑羅‧甘迺迪而言更是如此；甘迺迪總統於西元 1961 年 1 月入主白宮。因應蘇聯在軌道飛行及世界輿論占優勢下所感受到的挫折，甘迺迪派給他的副總統林登‧貝恩斯‧詹森（Lyndon B. Johnson）一項任務，就是普查各方領袖的意見，包括太空總署、航太工業以及軍方，他要清楚知道究竟美國能朝哪一個目標去努力，才能夠在太空競賽中「獲勝」。

漢姆，第一隻被送上太空的黑猩猩，準備要進行水星計畫的「載員」飛行。

艾倫‧薛帕德在西元 1961 年 5 月 5 日乘坐第一次載人的水星號太空船升空，他成了第一位進入太空的美國人。

拿到普查結果後，甘迺迪總統把他的顧問以及太空總署幾位重要主管集合起來，研討推出大膽創新的計劃，要使美國科技的形象令人耳目一新，這可不是一件容易的事。詹森曾經向甘迺迪回報說，幾乎沒有人會誇耀當時國內的太空飛行成就，但是只要以不懈、堅定的努力，美國很有機會在登陸月球這項成就上打敗蘇聯。如果沒有雄心壯志，只是建置一座有人駐守的太空軌道站，或是載著太空人飛越月球，最後還是只能得到第二名，頂多就是和蘇聯打成平手。美蘇兩國不曾用火箭把登月所需的物質送上月球表面，以供人員登陸，也不曾把任何機器成功地飛行至地球軌道以外的目的地。同樣的，美蘇兩國不曾把任何東西降落到另一個世界。載人登陸月球看來似乎是最佳的技術挑戰，若能成功將可以確保美國在太空之中「穩坐第一把交椅」。

西元 1961 年 5 月，在一份由太空總署署長詹姆斯・韋伯（James Webb）和美國國防部長羅伯特・麥克納馬拉（Robert McNamara）為詹森副總統準備的備忘錄中寫到：

> 我們建議將人在未來十年內登陸月球探險列入我國國家太空發展計畫。我們相信，把人送到月球以及到月球表面進行探險活動，將成為國際太空競賽的重要領域。讓人進入月球軌道或讓人登陸月球是完全不同於將機器送上月球軌道。是人上了太空，而不是機器上太空，會吸引舉世矚目。[4]

華納・馮・布朗寫了一封信給詹森副總統，從信中的結語可以看出他的急切口氣；馮・布朗當時被視為是自由世界陣營裡面最有能力的火箭專家；他寫道：「總而言之，我要說的是，在這場太空競賽中，對方是個堅定的對手，他們承平時期的經濟是靠戰爭做為基礎。而我們採用的步驟是依據常態承平時期之條件而設計。我不認為我們會贏得這一場太空競賽，除非我們至少要採取一些面對國家危機時應考慮的對策，否則我們很難贏得這場太空競賽。」[5]

在接下來連續好幾週裡，甘迺迪和他信任的顧問群一直討論著登陸月球的想法。許多人是支持的；但有些人，包括甘迺迪的科學顧問傑羅姆・威斯納（Jerome Wiesner）在內，卻不同意美國傾全國太空行動之力僅僅專注在一個

傑羅姆・威斯納，甘迺迪總統的科學顧問，他並不贊同把登月計畫當做美國太空總署在西元 1960 年代唯一傾全力發展的重點。

登月計畫上，儘管他的發言極為重要，他的意見還是被推翻了，於是，在西元 1961 年 5 月 25 日，甘迺迪決定對美國國會做一場孤注一擲的演說，而他手中籌碼就只有水星計畫的艾倫・薛帕德十五分鐘次軌道飛行。

## 人在月球上

甘迺迪在一場名為事關國家緊急需求致國會特別咨文演說中，他列舉了一些國家的首要需求，等到最後他才拋出了二十世紀下半葉最大的震撼彈：

現在，太空對我們是完全開放的；我們渴望分享它，這份渴望不該因為他人努力的成果而受到影響。我們進入太空是因為人類必須承擔起這份責任，要讓自由的人都能完全分享它。

我因而在此要求國會能夠協助，除了增加我先前要求給太空活動的經費之外，還要再提供資金來完成下列幾項國家目標：

首先，我認為我們國家應該致力於在未來十年內完成這個目標，讓人類登陸月球並且能平安返回地球。此時此刻，對人類而言，再沒有其它任何太空計畫會比此更令人印象深刻，或是，對長程太空探索而言，再沒有比這個目標更為重要的了；也沒有任何計畫會比完成這項計畫更困難

約翰 · 甘迺迪總統於西元 1961 年 5 月 25 日在美國國會發表一場事關國家緊急需求的致國會特別咨文演說。

或更昂貴。我們建議要加速發展出適合此項任務的月球太空船。我們建議要開發另種型式的液態和固態燃料推進器，比現有的任何推進器都還要大，一直開發到確定是最優越的為止。我們建議要有更多的資金來發展其它引擎，要做更多次無人駕駛的太空探險——這些探險對完成我們的目標而言特別重要，這目標也是我們國家永遠不會忽視的：我們要讓進行這第一次大膽飛航的人活著回來。但實際上，這將不會是一個人登月的事——如果我們的判斷是正確的，這將會是一個整個國家的事，因為我們所有的人都要一起努力把他送上月球。[6]

演講又持續了幾分鐘才結束，當場獲得出席的民主黨人士如雷的掌聲和頻頻點頭讚許；其他在場人士則是顯得驚訝到目瞪口呆。但是一項最重要的訊息已經完全表達無遺：總統承諾國家將為太空付出大無畏的努力。

甘迺迪接下來還有另外一場更有名的為美國登月理想所做的演講，那是西元一九六二年九月，在炎熱的夏末陽光下，在德州萊斯大學體育場，全場人士揮汗如雨聆聽這場演講。這是他銷售宣傳的下半場——這次的對象是廣大的美國群眾。他有幾句最令人難忘的金句出現在演講當中：

　　但是，有人說，為什麼是月球？為什麼要選擇它做為我們的目標？這些人很可能也會問，為什麼要選擇攀登最高的山峰？為什麼三十五年前要飛越大西洋？為什麼萊斯大學要打德州盃？（譯注：萊斯大學打德州盃的勝績不多。）

　　我們選擇上月球！我們選擇在十年內登上月球以及完成其它夢想，並非它們輕而易舉，而正是因為它們困難重重；因為這一個目標會使我們整合並採取最佳的能力及技術，因為這個挑戰是我們樂意去接受的，是我們不願意遲延的，是我們一心想贏。

在這之後，事情拍板定案了。成本是驚人的，付出的努力讓人筋疲力盡，而承諾就是承諾。有人會唱反調，有人愛掣肘——說這會讓整個國家重新調整優先順序，讓全

約翰・甘迺迪總統於西元 1961 年 9 月在萊斯大學發表第二場「月球演說」，成功與美國民眾達成「協議」要進行阿波羅計畫。

國人民都深受影響。這是美國自從二次世界大戰執行曼哈頓計畫（Manhattan Project）製造原子彈以來，最大的技術任務，若是以曼哈頓計畫所投入的時間和成本拿來與登月計畫相比的話，簡直是小巫見大巫。但是前進的動力勢不可擋，國家足以支持它向前邁進。

　　美國就要向月球出發了。

# 第 3 章

# 登月太空人

「美國一向都是接受了深具挑戰性的任務就全力以赴。
在壓力之下，我們創造力十足。」

——巴茲 · 艾德林，阿波羅 11 號太空人

　　甘迺迪總統第一次宣布要把美國人送上月球這項龐大的國家計劃時，尼爾 · 阿姆斯壯人在西雅圖。那時候他還不是美國太空總署的太空人；事實上，當時在太空總署的太空人名單上還僅僅只有水星計劃裡那七位太空人。第二組太空人——所謂的「新九人小組」——要一直等到西元 1961 年 9 月才宣布，而阿姆斯壯此時就成了其中的核心幹部。

　　在第二組太空人之後又陸續徵選幾次太空人，艾德林和柯林斯被邀請加入第三組太空人。自從甘迺迪總統公開宣布登月目標，這項聲明傳遍了全國，從馬里蘭州帕塔克森特河的美國海軍試飛員學校到南加州高沙漠地區的愛德華空軍基地裡覆蓋著焦油紙防水屋頂的機棚裡都聽到了，這裡是試飛員工作的地方，他們要從尚未完成測試仍具危險性的戰鬥機裡找出毛病，將之排除。這兩處的試飛員都熱烈響應太空總署徵人的召喚。

（前頁）阿波羅 11 號全體機組人員——（由左至右）巴茲 · 艾德林，尼爾 · 阿姆斯壯和麥可 · 柯林斯——這是他們為登月任務進行多次訓練飛行後，等待進行下一項試飛前稍做休息的畫面。

（右圖）尼爾 · 阿姆斯壯在 1950 年代早期曾經在韓戰期間駕駛格拉曼 F9F 黑豹戰鬥機（Grumman F9F Panther）執行過多次任務。圖中可以看見他當時駕駛黑豹的身影。

### 尼爾・奧登・阿姆斯壯
### （NEIL ALDEN ARMSTRONG）：沉默寡言的人

尼爾・阿姆斯壯曾經待過美國海軍，他在西元 1949 年加入海軍並且進入海軍飛行學校唸書。西元 1951 年他參加韓戰駕機出擊，激烈的戰場就在他機身下方不遠處。他在海軍總共出勤七十八次任務，有次驚險地從失事的戰鬥機中跳機逃生，那是他第一次與死神擦身而過，但也不是他的最後一次。

離開海軍之後，阿姆斯壯去普渡大學唸書，拿到他的航空工程學士學位。之後他被指派到俄亥俄州克利夫蘭的劉易斯飛行推進實驗室（the Lewis Flight Propulsion Laboratory）短暫待了一段時間；該實驗室後來也成了太空總署的一個單位；然後他被送去愛德華空軍基地受訓，成了一名試飛員。愛德華空軍基地是進行尖端飛行測試的中心，是所有頂尖飛行員最嚮往的地方。阿姆斯壯從未自認是頂尖飛行員，他只知道他在愛德華操作的都是高性能飛機。

阿姆斯壯在愛德華所受的訓練已經具有太空人訓練形式了——他當時是替太空總署的前身美國國家航空諮詢委員會（National Advisory Committee for Aeronautics；簡稱 NACA）工作，他試飛了火箭動力實驗機 X-15 號，那時正準備要銜接到美國空軍的動力翱翔機計劃（Project Dyna-Soar），但是這個計劃後來取消了。太空總署只有兩位試飛員飛過 X-15 號，他們後來都成了太空人，阿姆斯壯是其中之一〔另外一位是喬・恩格爾（Joe Engle），他後來成了太空梭駕駛員〕。阿姆斯壯稍早之前是被召募加入一個所謂人類及早進入太空的短命計劃（Man In Space Soonest，字首縮寫為 MISS，怎能不失敗），原本是要以舉國之力，為了打敗俄國人要搶先一步把人類送上太空去。在太空總署把 MISS 計劃併入水星計劃後，空軍就轉而開發軍事用途的太空飛機——於是有了動力翱翔機計劃。這個計劃打算用火箭把兩名空軍太空人送上地球軌道去進行軍事任務（X-15 號火箭動力機是由 B-52 號轟炸機載運起飛，再從 B-52 機翼下方發射升空），任務內容從生物醫學研究到監視俄國人都有，任務結束後它再自行像飛機一樣飛回地球——這很像是後來太空梭所做的事——它還可以在整修之後重複使用。

阿姆斯壯說，他並不記得他在聽到甘迺迪總統宣布太空總署要完成登月任務時他當下的反應，他只記得想到要達成這個目標所牽涉的技術時，他覺得很興奮。當他聽到

西元 1956 年時的尼爾・阿姆斯壯。

太空總署要擴大太空人編制時，他前去應徵了。雖然他應徵函寄達太空總署的時間比規定的截止收件日整整晚了一個星期，但是有一位愛德華空軍基地的老同事，如今在太空總署工作，從信件中認出阿姆斯壯來，他偷偷把他的應徵函塞到合格候選人那一疊信件裡。[7] 當時阿姆斯壯已經駕駛火箭動力實驗機 X-15 號長達兩年的時間了。

西元 1962 年 9 月，太空總署的狄克・史萊頓（Deke Slayton）打電話給阿姆斯壯，詢問他是否願意加入太空總署新近擴編的太空人團隊，阿姆斯壯毫不遲疑地答覆願意。史萊頓最早是水星計劃裡的太空人，後來因為發現心臟有雜音就停止執行太空任務，後來負責統籌太空人所有事務。他的工作不只是去通知新入選的太空人，身為飛行機組人員主管的他，稍後還要分配每人的飛行任務，這使得他成為一位在太空人圈內很有權威的人。

阿姆斯壯在當月就加入太空總署成了第一位平民太空人。他很快就接受訓練準備進行他在雙子星計劃裡首次的

阿姆斯壯與 X-15 號火箭動力實驗機在愛德華空軍基地合影留念。

太空飛航，雙子星計劃是阿波羅雙人座艙太空船的前身。雙子星在登月計劃裡不只是提升各種技術和技巧的測試台，它還是許多阿波羅太空人的教練場。

「太空總署認為新手太空人還沒見識過軌道力學的精密複雜度，或還分不清飛機和太空船之間的差別，我們必須要快速入門，」阿姆斯壯後來回憶道。面對這些錯綜複雜的事物，阿姆斯壯說，「有些對我來說是全新的事物，但整體而言我並不覺得這些學業負擔太過困難。」[8]

但那還只是在課堂上的學習。很快的，這批九人小組發現他們踏上一條千辛萬苦的越野賽程。首先，他們被送去熟悉太空總署的新設施——當時還在美國各地興建中——然後去到拿到航太合約的各個工廠，他們那時正在打造雙子星和阿波羅太空船的硬體設備。行程十分緊湊又折騰，大部分時間都花在往返休士頓和佛羅里達之間的飛行

上；休士頓他是們的駐地，而佛羅里達的甘迺迪太空中心正在興建中；他們還要飛到阿拉巴馬州亨茨維爾（Huntsville）的馬歇爾太空飛行中心（Marshall Space Flight Center），那裏是製造火箭推進器的地方，再飛到密蘇里州聖路易斯麥克唐納飛機公司（McDonnell Aircraft）參觀建造中的水星計劃新太空艙。他們還要飛到南加州航太工業重鎮拜訪幾個大承造廠，像是洛克希德公司（Lockheed）、北美航空（North American Aviation）和道格拉斯飛機公司（Douglas Aircraft Company）。他們的工作量遠超過一般正常的辦公時數，而這只是剛剛上桌的一道前菜而已。

埃德溫・尤金・「巴茲」・艾德林（EDWIN E. "BUZZ" ALDRIN）：「會合博士」（"Doctor Rendezvous"）

　　巴茲・艾德林加入太空總署太空人團隊的途徑跟別人不一樣。西元 1951 年他從西點軍校畢業，擔任美國空軍少尉並且被派到韓國參戰，他一共執行六十六次戰鬥任務，擊落兩架敵機。之後他分別到歐洲和內華達州的內利斯空軍基地（Nellis Air Force Base）服務過一段時間，然後在西元 1959 年到麻省理工學院（Massachusetts Institute of Technology，縮寫為 MIT）進修。

　　艾德林是在麻省理工學院唸書時看到甘迺迪總統對國會議員的那一場演說，當時他正在麻省劍橋市家中看著黑白電視。他看到國會議員響亮掌聲和起立致敬的畫面，深受感動。幾天之前他才剛收到愛德華・懷特（Ed White）的來信；愛德華是他西點軍校的同學，也是空軍飛行員同事，他即將要在雙子星計劃裡試飛；愛德華告訴艾德林他想要去應徵第二批太空人。艾德林不像愛德華，他沒有上過美國空軍試飛員學校，而那是應徵太空人的基本條件。艾德林很失望但是不放棄，他決定先繼續完成他在麻省理工的博士學位，然後再去申請當太空人。

　　艾德林回憶道：

> 　　太空計劃的風潮席捲全國，我也很想成為其中一份子。但是太空總署對太空人的資格有規定，必須要有軍方試飛員學校的文憑才行——我全部的證書裡就少這一項。因為我知道甘迺迪所說的登月計劃需要的技術不只是試飛員學校裡灌輸的那一套，我決定多花十八個月努力寫出我的太空學博士論文，主題為載人軌道會合（manned orbital rendezvous）。[9]

　　艾德林知道，如果要完成登月目標一定會需要讓多艘太空船在地球軌道上會合（結果顯示，在月球軌道上也需要會合）。他也知道，他在麻省理工的研究成果會讓他在太空人團隊裡獨樹一格。他也懷疑，為這項任務而設計的電腦，那時尚未問世，一定很容易出錯——即使開發出這種電腦，須微型化才能帶上太空船一起飛行，而細小的電子產品在那個年代是很容易故障的。在軌道會合時，如遇到緊急狀況，一位有經驗的人在場，是真的可以化險為夷（save the day，原用來引喻轉危為安）。也算是不幸而言中，

愛德溫・「巴茲」・艾德林在空軍服役時的照片。

他的預感在他執行雙子星 12 號飛行任務時果真發生。

　　艾德林拿到博士學位後就立刻去向太空總署應徵太空人，但是，一如他所擔心的，他因為沒有空軍試飛員資歷而被拒絕了。西元一九六三年一月，他接到一份新工作要到南加州洛杉磯空軍基地任職，工作內容是負責解決新雙子星計劃裡太空軌道會合的技術問題。在他準備就任新職時，太空總署修改了徵選太空人的規定，於是他在新職報到的同時又再度嚐試應徵太空人。同年九月，他接到狄克・史萊頓打來一通他滿心期待的電話，「我們很希望請你來當太空人。」他記得史萊頓這麼對他說。艾德林當然馬上就說好——「儘管開口吧，狄克，我十分樂意。」[10] 艾德林報到之後立刻投入鑽研他的拿手項目——為雙子星任務設計一套讓軌道會合的技術。

### 麥可・柯林斯（MICHAEL COLLINS）：健談的人

麥可・柯林斯也是西點軍校學生，他於西元 1952 年畢業。當要在陸軍和空軍之間做個決定時，柯林斯選擇了空軍。他不像阿波羅計劃裡的另外兩位隊友，他沒有飛去打韓戰，他從 1950 年代中期就到歐洲服役。在他服完兵役之後，他向愛德華空軍基地的試飛員學校申請入學，雖然他認為入學的機會不大，因為他的飛行時數只達到規定的門檻——總共要一五〇〇小時。儘管機率很低，他還是錄取了，並且在 1960 年 8 月要到愛德華空軍基地報到。

西元 1962 年 2 月，當柯林斯看到新聞大幅報導美國第一位太空人約翰・格倫（John Glenn）成功飛上太空繞行地球時，他開心激動得不得了。就跟阿姆斯壯一樣，他前去應徵第二批太空人，但是沒有被錄取。等到下次太空總署又再召募太空人時，他又再去應徵，這次，他很快就接到史萊頓的「電話」。他和艾德林一起都被編入第三組太空人。

柯林斯記得初期的訓練就上了二百四十小時的太空飛行知識，其中有五十八小時是地質訓練，但是他很不喜歡地質。[11] 在當時，他從未想過有一天他會從月球軌道上往下盯著月球表面的地質構造將近一整天的時間，而他的兩位隊友在月球表面上做著各種探勘。地質學課在他看來似乎只是浪費時間。

柯林斯也跟其他的人一樣，在雙子星計劃裡被指派負責某專項工作，他選了太空衣和艙外活動或稱太空漫步（extravehicular activity；簡稱做 EVA）做為他的重點項目，這項工作必須穿梭在太空總署和承包廠商之間做溝通協調。他當時以為他自己挑了個不錯的差事，可是當他深入研究太空衣時，他才明白那是攸關生死的專業——要靠幾層織布與橡膠把人跟太空裡嚴酷的真空隔絕開來。他後來提起了這件事，他說，「我當時在想，我們這三十個人，我，還有另外廿九位，我們未來幾年在辦公室裡會〔做什麼事〕——我是對這三十人承諾在未來幾年我們會，或不會執行的行動的安全，這可真是壓力很大、很令人惶恐的責任啊。」[12]

當他們三人一組在太空人辦公室裡各自分工、各忙其事時，誰也不知道他們將來會發生什麼事。噢，當然，他們將會參與到美國偉大的太空計劃，可是水星計劃裡最早的七位太空人還有五位仍然還在執行飛行任務呀。史萊頓之前是因為心臟有問題所以退出了飛行任務，而現在，艾

麥可・柯林斯準備要上雙子星 10 號太空船執行他的飛行任務，時間是在西元 1966 年 7 月。

倫・薛帕德，他們七位當中第一位駕駛水星太空船的人，也因為被診斷出內耳裡有罕見的毛病而被停飛。由於水星計劃裡其他五位太空人幾乎還是確定會優先出任雙子星的飛行任務，對於阿姆斯壯、艾德林和柯林斯而言，能否如願得到這份稱心如意的任務還是個未知數。

儘管如此，他們三位還是積極做好所有被交辦的工作，四處奔波去到任何被指示前往的地方，完成所有該做的事。很快的，飛行任務就要指派下來了，對他們每個人而言，人生即將改變。

　　這張圖片是利用太空人往登月小艇窗外所拍攝到的一系列照片加以拼貼製作出來的；當時太空人們已經完成月球漫步，他們要把底片盒裡的底片全部照光，然後把相機丟到登月小艇外面。這些原始照片在登月任務完成後並沒有提供給媒體，由於當時美國太空總署只選了最具「新聞價值」幾張照片提供出來。有很多照片，包括把多幀照片用蒙太奇手法剪輯完成的圖片，就跟本張圖片一樣，全都埋藏在太空總署檔案室裡長達好幾十年，直到西元 2015 年太空總署才把它們全部整理了出來，然後再精心策劃對外發表。其中有幾張圖片，就像本張，是清楚拍攝到登月著陸點很精彩的畫面，但

是也有很多張是模糊不清或是快門意外歪斜的照片，那是太空衣笨重手套拍下的。

　　此幀所見是在太空人回到登月小艇後，所拍的月球漫步地點。注意足跡橫貫附近的土壤──此足跡將延續數百萬年，直到緩慢地被持續的微流星撞擊而軟化。美國國旗在圖中仍直立，但是在數小時之後，當上升節離開月球時，推力產生的噴氣會吹倒國旗。左下是登月小艇的影子，右邊可見反作用控制系統（Reaction Control System, RCS）「四胞推進器」──由四具推進器組成，用於操控飛行器。

# 第 4 章

# 該如何辦到？

「我們到底要不要登陸月球？」

——約翰 · 霍保特（John Houbolt），
太空總署蘭利研究中心工程師

甘迺迪總統宣布美國要把人類送上月球，這項聲明也許是振奮了全國民心，但是這個想法並不是新的念頭。只要抬頭仰望天空，我們就能清楚看見月球——任何人只要用大小適中的望遠鏡就可以看到月球表面的高山、小河及隕石坑。甚至只要一副雙筒望遠鏡或是一支小巧的手持望遠鏡就可以看到令人驚嘆的細節。夢想家和有遠見的人一直想像著這趟旅行，已經想了好幾百年了。

早期最有名的登月概念出現在法國作家朱爾 · 凡爾納（Jules Verne）的小說裡，他的《月界旅行》（從地球到月球；法文書名：*De la Terre à la Lune*；英文版書名 *From the Earth to the Moon*）於西元 1865 年首度發行。凡爾納在這本頗有先見之明的書本裡講述一群冒險家的登月之旅，他們這一小群人背後有巴爾的摩槍械俱樂部（Baltimore Gun Club）給予支持。俱樂部會長認為，若是按照巨型砲彈的型式打造一艘大型飛行物，再加上有同樣大小的加農大砲，應該是可以把它從地球上發射出去直達月球。他們分別從美國和歐洲募到六百萬美元的經費，然後到佛羅里達州的坦帕市（Tampa）——離今日甘迺迪太空中心不遠處——挖出一座深入地下九百英尺乘以六十英尺（相當於 274 x 18 公尺）的豎坑，在其中建造了一支巨砲。有三位勇敢的志願者被轟上了月球，他們還帶了幾隻雞和兩條狗作伴。一路上他們經歷了無重力狀態，還看到了離地球最近那位的鄰居令人驚嘆的

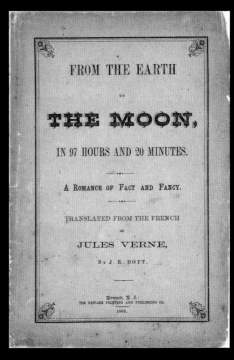

FROM THE EARTH

TO

THE MOON,

IN 97 HOURS AND 20 MINUTES.

A ROMANCE OF FACT AND FANCY.

TRANSLATED FROM THE FRENCH

OF

JULES VERNE,

By J. K. HOYT.

Newark, N. J.
THE NEWARK PRINTING AND PUBLISHING CO.
1869.

上圖：俄國科學家康斯坦丁 · 齊奧爾科夫斯基（Konstantin Tsiolkovsky）曾經推論，若想去月球旅行，如果是用大砲把太空船發射出去，發射同時全船的人都活不成了。他主張火箭是在太空中比較好的動力——後來證明他的想法是對的。

前頁：此插圖出自朱爾 · 凡納爾於西元 1865 年發行的《月界旅行》（從地球到月球；法文書名：De la Terre à la Lune；英文版書名 From the Earth to the Moon）。圖中是一列太空船，它由巨型的加農大砲發射升空，奔向月球。

美景。

這種使用彈道工具（像是利用加農大砲）把人送上月球的方法不久被俄國科學家康斯坦丁・齊奧爾科夫斯基（Konstantin Tsiolkovsky）給否決了；齊奧爾科夫斯基後來成了知名的俄國火箭之父；他估計，在砲彈發射之時，飛行物裡面的乘客會承受到超過二萬倍的地球重力。齊奧爾科夫斯基的意見只是反對登月所使用的方法，他並不是反對登月之旅本身。他早期推演出的計算顯示，以氫氣和氧氣為燃料的話——這也是現代許多火箭所使用的燃料，火箭是可以飛上太空並且在太空旅行。

齊奧爾科夫斯基，以及其他像他這樣有遠見的科學家，例如美國物理學家羅伯特・戈達德（Robert Goddard）和德國科學家赫爾曼・奧伯特（Hermann Oberth），他們激發許多年輕人對宇宙旅行嚮往之心，其中就有一位名叫華納・馮・布朗的普魯士青年。馮・布朗在西元 1930 年代就是個活躍的德國火箭迷，當他在二次世界大戰前夕投靠了納粹黨後，他設計出了 V-2 火箭。但是馮・布朗的本意並不是要製造戰爭工具——雖然他也沒有明顯反對這麼做——他主要是想做出能探索太空的機器。

馮・布朗，還有其他幾位科學家，他們的研究成果，在二次世界大戰之後和 1950 年代後期，為火箭開發提供了許多資訊，也鼓舞了火箭的開發。在美國，有兩位工程師，馬克西姆・法吉特（Maxime Faget）和歐文・梅納德（Owen Maynard），他們為這些概念著迷，他們把這些概念融入了他們正在設計的鈍體重返飛行器〔稍後被稱為「太空艙」，這個「鈍體」（blunt-body），是指鈍狀、有弧型隔熱的外罩，重返設計〕。這些設計概念到了西元 1960 年和馮・布朗的火箭設計結合在一起，那時馮・布朗正全力以赴為美國製造第一座強力的民用火箭推進器：農神一號（Saturn I）。

這些火箭推進器和太空船技術後來都納入了美國把人送上太空的計劃裡。在鈍體設計成功應用在水星計劃之時，就在同一年度裡它的設計概念就被移轉到阿波羅計劃中。雖然大家仍在爭論要如何讓一位太空人（或二位以上太空人）登陸月球並且回到地球，但整體工作架構已經建制完成。在此期間，麥克唐納飛機公司與太空總署簽下了合約，它要負責打造水星計劃太空船；該艘太空船能夠把第一個

就算只是一支中型望遠鏡也可以清楚展現月球表面驚人的細節。

（上圖）水星計劃裡太空艙正在麥克唐納飛機公司裝配，時間是西元 1960 年。

（左圖）馬克西姆·法吉特，太空艙設計者，他為水星、雙子星和阿波羅三項計劃設計太空艙。

## 兩種方式：直接上升對上太空會合

在當時，阿波羅登月任務輪廓是想用一種直接上升（Direct Ascent）進到月球軌道的方式去完成。這種方法就只需要一艘巨大的太空船就可完成——用一枚超大火箭將一艘巨型登陸艇送上月球軌道，登陸月球，然後返回地球，一路上都不用丟棄任何一節火箭。這被認為是最簡單就能完成任務的方法，因為它不需要太空船在太空會合，對接——太空總署當時尚未有會合、對接的構想。但是這就需要建造一枚超大火箭推進器，較當時任何推進器更強而有力，這枚計劃提出的火箭就是新星火箭（the Nova）。

其它登月方法也陸續有人提出，一段時間過後，馮·布朗特別贊同其中一種方法，稱為地球軌道會合法（Earth Orbit Rendezvous），簡寫為 EOR。這種方式必須要農神一號火箭飛上好幾次（整枚農神一號火箭的推進力只有未來將阿波羅 11 號送上月球的農神五號火箭推力的五分之一），在地球軌道上把登月太空船組裝完成，然後再把太空船從地球軌道送到月球表面。地球軌道會合法的另一個缺點是，它必須在太空中完成一連串動作：會合、對接以

美國人送上軌道。至於下一步朝向企圖更大的登月行動卻仍然還有變數。

然後有了甘迺迪總統在西元 1961 年 5 月的第一次登月計劃演說，演說之後大局底定。太空總署，在署長詹姆斯·韋伯帶領下，要負責完成登月目標。但是，究竟要**如何**完成目標，卻依然沒有定論。原本在太空總署工作項目裡預算很少又不急的小案子，只規畫著將來總有一天要把美國太空人送上月球的這件事，突然一夕之間變得急迫起來，要在九年之內完成，預算大幅增加，所有賭注都投下了——阿波羅計劃**現在**要立即開動。

神農火箭－新星火箭
比　較　圖

太空船

直徑
18英尺
4英寸

高度
270英尺

直徑
33英尺

C-5 火箭

太空船

直徑
22英尺

直徑
40英尺

高度
280英尺

直徑
50英尺

新星火箭

太空船

直徑
18英尺
4英寸

高度
125英尺

直徑
21英尺
5英寸

C-1 火箭

M-MS-G-36-62，1962 年 4 月 11 日

前頁：西元 1962 年，一枚農神 1 號火箭發射升空。雖然它當時是馮 · 布朗所製作的最大火箭，可是與農神 5 號火箭還相去甚遠，它甚至無法將當時擬議的一整艘阿波羅太空船推進到地球軌道。

上圖：農神（Saturn）系列火箭與新星（Nova）火箭比較圖。圖中右邊是龐大的新星火箭，中間是農神 5 號火箭，太空總署最後決定由神農五號火箭將太空船送上月球。當年在考慮要用新星火箭登月時，當時太空總署庫房裡最大的火箭是農神 C-1 號，在圖中左邊。此圖將當年三款火箭做一比較。

及組裝登月太空船，而實際上能否如此做到還尚未可知。儘管地球軌道會合法要面對許多種挑戰，馮 · 布朗仍勇往直前毫不畏懼——因為這是國家的優先政策。

　　不論是用直接上升或太空會合方式登月，阿波羅太空船——包括位於推進器頂端的錐狀太空艙和帶有腳架的降落節段——用機尾著陸方式降落在月球表面上。它是作為太空人上月球的運輸船和登陸器，支援他們在月球的活動，然後自月表發射升空，最後回到地球。以單獨用一艘阿波羅太空船來進行這趟月球之旅為例——不論是採用在地球軌道上組裝或是從地表直接將整艘太空船發射升空——這都是從甲地到乙地所能構想得到最簡單也是最直接的方

式。

　　這兩種登月方式有個共同最大的缺點就是登月器本身。阿波羅太空艙等於是要帶著它的登陸腳架騎在推進器頂端——它會相當高大，大概有六十英尺（十八公尺）——它要以尾端著陸方式降落在月球表面。這會迫使太空人在降落時必須全神貫注地，或許還需要使用鏡子或電視攝影機便於往下看。另一種設計是設置第二座位和觀察口，讓一位太空人獨自駕駛著太空艙著陸。各種提案都有，但是沒有一樣能讓人完全滿意。

　　問題不止於此，無論是建造超大型新星火箭直接上升，所需的龐大工程，或是藉較小型農神 1 號火箭多次發射，

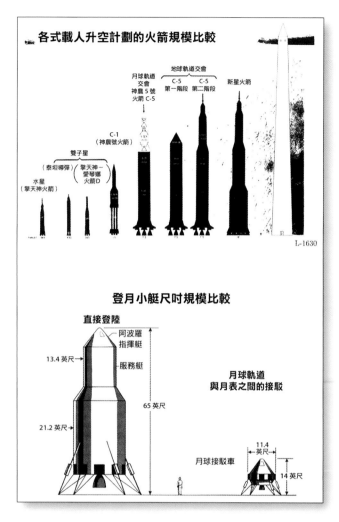

## 各式載人升空計劃的火箭規模比較

地球軌道交會
月球軌道交會
神農 5 號火箭 C-5    C-5 C-5    新星火箭
                    第一階段 第二階段

C-1
（神農號火箭）

雙子星
（泰坦導彈）  擎天神－愛琴娜火箭 D

水星
（擎天神火箭）

L-1630

## 登月小艇尺吋規模比較

### 直接登陸

阿波羅指揮艇

13.4 英尺    服務艇

**月球軌道**
**與月表之間的接駁**

65 英尺

21.2 英尺

11.4 英尺

月球接駁車    14 英尺

（上圖）左下角是阿波羅計劃早期準備要以直接上升到月球方式時所設計出來的登月器。對太空人而言，用這種方式著陸會十分困難，降落時，他們是斜靠在椅背上，背後距離月球表面有 50 英尺高（約 15 公尺高），他們在下降時完全看不到椅背後的月球表面。相較於右下角，這是稍後決定採用月球軌道會合（LOR）方式登月時設計出來的登月小艇，體型明顯小了許多。

次頁：建造中的太空總署飛行器裝配大樓，地點在甘迺迪太空中心，時間是西元 1965 年。

組裝部件在地軌會合，所需的地面及軌道的基礎建設，均會令即使是最聰明的工程師，也要絞盡腦汁仍而難得其解。

現在，言歸正傳，讓我們回到西元 1961 年當時的狀況。就在甘迺迪總統發表他第一場登月演說時，美國太空總署手上成功的記錄就只有一次，由一枚非常小的紅石火箭送上太空的十五分鐘未能繞行地球一周的次軌道航行，紅石火箭小到都無法把水星太空艙送上地球軌道，以當時的技術要把太空人送上月球，簡直是個遙不可及的夢——套句現代人的說法，那只是個提前預告卻未必能如期開發完成的蛋體（*vaporware*）而已，有如海市蜃樓一般。那時候，

農神 1 號火箭都還沒有發射過，而其它較小的推進器多在嘗試發射階段發生爆炸。當時有許多人，連太空總署署長韋伯在內，都很擔心是否能如期在 1960 年代結束之前完成登月任務（如甘迺迪總統向大家所描繪的）。

金‧克蘭茲，他當時在太空總署還是個年輕人，正全力投入全面展開的水星計劃，他後來擔任阿波羅 11 號登陸月球的飛行總監，他回憶道，「對我們這些曾經親眼見過我們的火箭翻覆、失控或爆炸的人而言，要把人送上月球簡直是驚人的豪語。」[13] 西元 1950 年代末期到 1960 年代早期的火箭專家並不好當，有許多火箭在發射之後立刻掉頭衝向地表炸個粉碎。想要在九年之內登上月球，還要送兩個美國人上月球並且要讓他們平安返回地球，這簡直是太困難的挑戰了。自此時此地到月球表面，中間還有好幾百萬步需要踏完。

然而，隨著聯邦政府投入的錢源源進來，太空總署也一直在擴編，眼前的工作越來越加快速度在進行著。說來有點諷刺，太空總署在西元 1960 年的預算就跟今日在聯邦政府的預算比例差不多——只占千分之五（0.5%），而到了西元 1961 年，它的預算多了幾乎快一倍，比例上升到了千分之九（0.9%），將近有七億四千四百萬美元（合今日約六十億美元，折合新台幣約一千八百億元）。1962 年是 1.2%，到了西元 1962 年——太空總署拿到史上最高預算——幾乎是聯邦政府總預算的百分之四點五（4.5%），有五十二億美元之數——合今日四百一十億美元（折合新台幣約一兆二千三百億元）。有了大筆增加的預算就可以用來擴充設備：在佛羅里達州蓋了一座新的火箭發射基地，在休士頓建造了載人太空飛行中心（現在的詹森太空中心），也擴充了位於阿拉巴馬州亨茨維爾的馬歇爾太空飛行中心的現有設備，還有許多其它地方也都增添了設備。受太空總署雇用的勞動力也大幅增加，在西元 1966 年初創下有四十二萬名直接僱員和承包商的歷史新高紀錄。

到了西元 1962 年甘迺迪總統在萊斯大學發表第二場登月演說時，人力增加和設備擴充都明顯可見。阿波羅計劃繼續往前邁進，儘管水星計劃還正在進行而雙子星計劃也尚在準備階段；美國要如何把太空人送上月球降落，仍待做最終決定。最後竟然是在一種不可太可能的方式下做出了決定。

### 月球軌道會合法：優質解（ELEGANT SOLUTION）

由於直接上升到月球和在地球軌道會合這兩種登月模式僵持不下，於是出現了第三種想法，一路與愈來愈官僚化的太空總署奮戰。很重要的一點必須要記住的，是整支火箭裡最後唯一會回到地球的部分只是小小的阿波羅太空艙。不論是用農神 1 號火箭發射好幾次，在地球軌道上組裝成的一部巨大登月器，或是龐大的新星超級推進器攜帶於頂端的登月器，不論用哪一種方式登月，最後都只有阿波羅太空艙會回到地球。其它所有東西都在登月路途中一一扔掉，這就引發一個問題：是不是還能找到另外一種更好的方法，設計可丟棄的部件，達到重量最輕化，性能最大化呢？時程也很重要——這項計劃有個必須在十年內完成的時限。甘迺迪總統宣布了一個眾所周知的最後期限，什麼是能夠完成登陸月球最有效率、最經濟實惠又最快速的方法呢？

最終的答案就潛藏在一位名叫約翰・霍保特的工程師心中，他在太空總署維吉尼亞州蘭利研究中心一個相對默默無聞的單位工作。霍保特曾經是軌道會合設計部門的員工，在軌道力學界這個小圈子裡被稱做是「會合先生」（the rendezvous man）。他挑燈夜戰思考了好幾個晚上，反覆思索數種模組式的太空艙概念，可在飛行過程中把不需要的配件逐次丟棄。早在西元 1923 年就有人提出類似的想法，當時是赫爾曼・奧伯特把俄國科學家尤里・康德拉圖克（Yuri Kondratyuk）在西元 1916 年率先提出的想法予以具體化。然後，在西元 1958 年，美國太空計劃正要開始的時候，有一位名叫湯瑪斯・多蘭（Thomas Dolan）的工程師，他在沃特航太公司（Vought Aerospace）的航太飛行部門工作，他寫了一篇「**載人登月及返回**」的研究報告（manned lunar landing and return，簡寫作：*MALLAR*）。在這份報告裡首次正式提到專門用作登陸月球的登陸器，將它自美國太空計劃裡的指揮艙區分開來。這份研究報告曾經在太空總署裡報告過，但由於當時太空總署急於要先把第一位美國人送上地球軌道，這份報告很快就被擱置一旁。

霍保特找出了這份研究報告，詳細研究它的內容，他同時也研究了直接上升和地球軌道會合這兩種方法。如此準備好了之後，霍保特開始著手進行他自己的細節演算，計算一部單獨的專作登月用的登月器該如何運作，這個選項叫月球軌道會合法（Lunar Orbit Rendezvous，簡稱 LOR）。簡單地說，月球軌道會合法就是火箭發射之後卸，最後只留下合為一的兩座太空艙：一座是有推進裝置的阿波羅太空艙，及一座是分開的登陸器。一旦進入月球軌道，三位太空人中的兩位就要從指揮艙進到登陸器中，此登陸器艇後來就叫登月小艇（Lunar Module），兩位太空人要乘坐這特製的登月小艇降落到月球表面。完成月球表面的探勘後，登月小艇的上半部就會從降落平台升起，返回月球軌道，跟指揮艙會合並對接，兩位組員再回到指揮艙內。當指揮艙載著三位太空人返回地球時，登月小艇就被丟棄。

早期的火箭時常會爆炸。圖中所見是在發射時突然爆炸的擎天神火箭。當年要準備送約翰・格倫上地球軌道時，擎天神火箭的失敗率將近五成。

上圖：西元 1962 年宣布登月將採用月球軌道會合計劃的記者會上（詳閱第 37 頁）。由左至右分別是：詹姆斯・韋伯，太空總署署長；羅伯特・西曼斯（Robert Seamans），太空總署副署長；布雷納德・福爾摩斯（Brainerd Holmes），載人太空飛行辦公室主任；以及約瑟夫・謝伊（Joe Shea），載人太空飛行辦公室副主任。

下圖：約翰・霍保特正在說明他的月球軌道會合計劃，時間是西元 1962 年。

這種方法在減輕重量和節省燃料方面有很大的優勢——在這趟旅程中，所有阿波羅火箭用完不再需要的部分就甩掉，大大減輕用於完成任務的重量（也減少繼續在太空中推進所需的燃料）。就這麼簡單。

但是，在多數工程師眼中看來，這份計劃，**怎麼形容都好，就是不能說它簡單**。事實上，對很多人來說，這份計劃實在是太可怕了。如果真要用這種方式完成登月任務，那就需要做到好幾次的會合和對接——首先要在地球軌道上進行一次，然後在月球軌道上要進行兩次，兩者相距二十四萬英里（三十八萬六千公里）！美國才剛把一**個**人送上太空——甚至不是地球軌道上——竟然就想要在月球軌道上讓兩艘太空船分離，它們很有可能就再也找不回彼此，而無法會合，很多人想到這一點都覺得無法接受這種做法。不論在**任何**軌道要進行太空會合和對接的演練都還要再等上好幾年；這是在雙子星計劃裡才要探討的問題。在當時，同意使用這種擺明就是冒險又危險方式，簡直是不可思議，根本很少有人贊同這種方式，連馮・布朗也不同意。

霍保特並不氣餒。他一有機會就向人解釋他的月球軌道會合版本，已經到了有人認為他是個怪人的程度。**這事就交給那些大人物去決定吧**，大家都跟他這麼說。這已經超過一個普通工程師的能力範圍了。於是霍保特開始去找

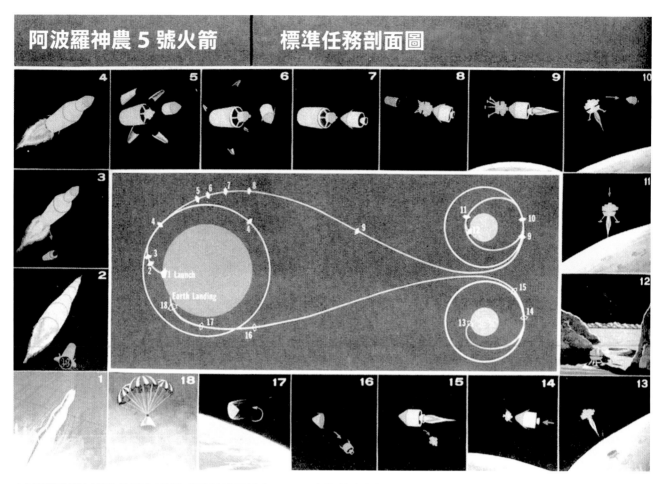

## 阿波羅神農 5 號火箭　　標準任務剖面圖

太空總署最終設計出了月球軌道會合計劃。從圖中就能看出為何西元 1961 年當時在太空總署參與規劃的人都認為這是一項危險計劃。

高層主管說這件事，但是也不管用。他有甚至在 1960 年跟太空總署新上任的副署長羅伯特 • 西曼斯（Robert Seamans）短暫會面時，當面對他長篇大論說個不停。西曼斯似乎是被他說動了，對他的想法感到興趣，於是針對這個主題召開一連串會議請霍保特前來為他的主張做專題報告，結論卻不多。其中在某場會議中，當時在太空總署設計載人太空艙的工程師馬克西姆 • 法吉特，脾氣火爆的他從座位上跳起來大聲咆哮指責霍保特，「他的數據都是騙人的！他根本就是在胡說八道！」這大概就是當時霍保特從他的同事那裡所接收到的回應，只是很少有人像法吉特這樣直接給他難堪。

會議一開再開，委員會組了又組，都在討論登月計劃要用什麼方法達成——大部分是討論直接上升或地軌會合——而多數人主張採用直接上升方案，因為它的缺點最少。太空人們就坐在太空船裡，用巨大的新星火箭把他們一路

送上月球，探勘月球表面後，回到大型太空船上，再乘坐太空船離開月球，返回地球。要不是因重量過於龐大的問題及在研發新星火箭的過程中遇到前所未見的挑戰，就算馮 • 布朗比較偏好採用地軌會合方式，直接上升登月很有可能就是阿波羅所要採行的方案。

### 「我們到底要不要登陸月球？」

儘管法吉特狠狠把霍保特訓斥了一頓，霍保特還是堅信自己的算法是對的。他算出來的數字顯示月球軌道會合法只需要一艘大為減小的太空船，大約其它方案要的太空船二分之一大小，表示只需用到更少的燃料就能把它發射升空。飽受打擊的霍保特又再度越過他在蘭利的上級，直接寫了近三大張信紙給副署長西曼斯。還是沒有下文。到了西元 1961 年 11 月，阿波羅太空艙的設計非得要做最後決定不可了，現在時間變得非常急迫，因為甘迺迪總統宣布要在

西元 1969 年的年底前完成登月目標。一聽到這個消息，霍保特又火速寫了另一封信給西曼斯，這次，他寫了長達九頁的信，信一開始就這麼寫道：

西曼斯博士鈞鑒：

我想在此表達一些我個人的看法，這是我近幾個月來對我一直深切關心的問題所提出的看法，儘管這些看法都被當成了馬耳東風。我可以從兩方面來談這個問題：（1）如果有人告訴您，我們可以用一枚 C-3〔農神〕火箭或跟它同樣大小或者比它小一點的火箭，就能把太空人送上月球並且讓他們平安返回地球，您會不會用同樣懷疑批判的標準來判斷這論述？（2）想要建造一組好的推進器真有這麼困難嗎？……我可以想見，在您讀完這封信之後，您可能會覺得您碰到了一個怪人。

在這封信的第三頁，霍保特加重了語氣，他說，「**我們到底要不要登陸月球？**」，還在句子底下劃了底線加以強調，他還說，他知道他的想法未必跟大家既有的想法一樣，他也沒有遵守「基本規則」，但是這些規則大部分都太過於專斷，並且大家都害怕冒犯長官。在他看來，根本沒有人願意去認真思索創新的替代方案。霍保特接著繼續解釋了他月球軌道會合計劃的一些細節，着實把太空總署副署長給說教了一頓。

這些都是挑釁的話語。這不是太空總署平時溝通事情的方式，尤其是他批評了管理階層的階級觀念，還越過了好幾個層級的管理幹部向上司報告。

多虧了西斯曼，他沒有因此把霍保特提議的月球軌道會合計劃置於不顧，雖說這份計劃在早先時候也沒能吸引大家注意。西斯曼把這份計劃傳遞出去要大家提供意見，這才讓這份計劃最後終於到了馮‧布朗手上。儘管他之前很支持在地球軌道會合的作法——而且儘管他認為在月球軌道上嘗試進行大家都認為很危險的會合及對接讓他覺得十分不妥，因為任何情況都可能在月球軌道上發生——馮‧布朗雖不情願但還是接受了霍保特論述的邏輯，並且在西元 1962 年春天的一場太空總署高階主管的會議中向大家報告了他的結論。他在最後總結說，其實，太空人如果會在月球軌道上出狀況犧牲的話，他們同樣也可能死在地球軌道上，兩者之間的危險程度其實是差不多的。大家只是**感覺**在月球會比較危險。

事情就這麼決定了。因為有馮‧布朗改變態度轉為支持，月球軌道會合計劃獲得勝出，儘管還是有人堅持保留意見，太空總署最後選擇月軌會合法（LOR）為阿波羅計劃的實行方式。其實，越到後來越能清楚看出，直接上升登月法，甚至是地球軌道會合法，大概都無法趕上在十年內登月的時間限制，只有月球軌道會合法是唯一能讓使命如期完成的辦法。

霍保特獲得了平反，阿波羅有了完成登月任務的基本設計原則。現在，太空總署必須趕緊把太空船打造出來。

# 第 5 章
# 真實功夫

「我們滑翔在宇宙靜寂裡，平坦順利；一股莊嚴感恩之情油然而生，
當我立身在我戰車身旁，深感猶如戰神一般，我們一同在夜空中巡航。」

——麥可・柯林斯回憶駕駛雙子星 10 號期間
所進行的太空漫步任務

當太空總署重新確定了登月任務的整體架構，逐步有了進展之後，也該是太空人上場驗收成果的時候了——目前有兩位太空人是來自水星計劃的原始七人小組，有新組成的九人小組，還有在他們之後招募進來的其他小組成員。隨著阿波羅計劃進展，所有需要用來完成登月任務的技術和能力必須要在地球軌道測試。地球軌道是阿波羅任務的考驗場，而雙子星計劃已經替阿波羅完成許多項測試，包括那三位後來被選中登上阿波羅 11 號的太空人。

水星計劃裡設計的是單座太空船，它可以把一個美國人送上太空，在最短時間內測出他在太空裡存活下來的能力。雙子星則是全新不同的設計，它的太空艙有兩個座位，有令人意想不到和創新的功能。它有兩個獨立艙口，給每位太空人有自己單獨的出入口，讓他們可以各自在太空中開啟艙門，自由進出太空艙。它有遠比以往做得更好的飛行能力，也更加會善用這些能力。水星

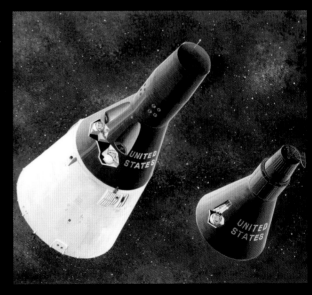

前頁：西元 1965 年 6 月 3 日，愛德華・懷特在執行雙子星 4 號太空任務時，完成美國史上第一次太空漫步。

上圖：此為西元 1963 年水星太空船（右）和雙子星太空船（左）的比較圖。

這是雙子星 6 號在太空中所見到的雙子星七號，它們在進行史上第一次近距離太空會合，時間在西元 1965 年。能否順利在太空中會合事關重大，它關係到阿波羅計劃的成敗。

太空船雖然可以改變它的航向（也就是改變它原本在地球軌道上前進的方向），它唯一的另一種飛行能力，是在任務完成後它能發射反向火箭，讓太空艙脫離地球軌道，回到地表，最後掉落到大海之中。雙子星太空船則有全套可操控的推進器，不只可以改變它前進的方向，還可以改變軌跡——它可以在地球軌道上改變速度和方向，有點類似太空中的噴射戰鬥機。因為這個原因，很多駕駛過雙子星太空船的太空人都很喜歡它。

雙子星所執行的任務都是為航向月球的各項作業做檢測，只有登陸這個項目無法做測試。它檢測的內容包括下列幾項：

- 兩位太空人同時執行飛行任務
- 較長的飛行時間，以模擬登月所需花費的時間
- 無重力狀態下的維生技術及其效果
- 太空船的艙外活動（extra vehicular activity，簡稱 EVA，是太空漫步的技術性名詞），在太空中執行各種任務

- 改換太空軌道，可以任意返回前一個軌道
- 改變軌道上的路徑，以便能和另一艘太空船會合——這對阿波羅指揮艙和登月小艇的會合及對接是很重要的模擬演練
- 兩艘太空船對接——空中會合後最重要的步驟

因各式各樣的理由，雙子星的成功事關重大，每一趟雙子星任務都有目標密切關聯的時程。並不是每一趟飛行都是成功的，有些單元，像是太空漫步中所需成功執行的工作就不易達成，都很難辦到，一直要到雙子星計劃最後幾趟飛行，測試才算符合。

阿波羅 11 號太空人當中，尼爾 · 阿姆斯壯是第一個駕駛雙子星太空船的人，他執行雙子星 8 號任務。在他之前已經有雙子星 3 號、4 號、5 號、6A 號和 7 號，在他之後接著 9 號、10 號、11 號和 12 號（雙子星 1 號和 2 號是無人任務）。

雙子星計劃完成了下列幾項特別值得註記的成就：

- 雙子星 3 號，美國航太計劃中第一次雙人太空船飛行，及太空船第一次變換軌道路徑
- 雙子星 4 號，愛德華・懷特完成美國人第一次的太空漫步
- 雙子星 6A 號和雙子星7號，第一次在地球軌道上完成兩艘太空船會合
- 雙子星 8 號，第一次讓雙子星太空船和愛琴娜火箭在太空中對接
- 雙子星 11 號，飛到最高的地球軌道高度（由對接之後的火箭引擎推送）
- 雙子星 12 號，第一次太空人在太空漫步時完成太實際工作

值得一提的是，蘇聯在西元 1962 年已經有兩位太空人同時飛航的紀錄，在西元 1965 年第一次太空漫步。美國的計劃在西元 1965 年就迎頭趕上並且超越了蘇聯的成績。走向阿波羅的康莊大道可說是由雙子星積極不斷的步伐開創出來的。

三位阿波羅 11 號太空人，每位都是在雙子星計劃裡經歷人生第一回的太空經驗。尼爾・阿姆斯壯飛過雙子星 8 號，麥可・柯林斯是雙子星 10 號，巴茲・艾德林是雙子星 12 號。他們執行的這些任務，有些很精彩，有些很糟糕，每次任務也都給未來阿波羅飛航的成員不同且獨特的預習。

### 雙子星8號：招惹死神
阿姆斯壯是雙子星 8 號的任務指揮官，大衛・史考特（Dave Scott）是飛行員（組員的職務名稱有時可能會引起誤解，其實，在太空總署任務裡，任務指揮官就是駕駛太空船的人，而稱為飛行員的人是要負責導航，擔任副駕駛工作）。雙子星 8 號雙子星 6 號載有組員相同，要開創新的領域——在太空中與另一艘太空船對接。

這原本是雙子星 6 號計劃的項目，它在西元 1965 年 10 月發射，準備要與無人的愛琴娜目標載具（Agena target vehicle）太空對接。但是愛琴娜發射失敗，計劃臨時改變，雙子星 6 號延到數週後再發射。當時是太空競賽期間，在那些急就章的日子裡，太空總署的管理高層比我們今日更

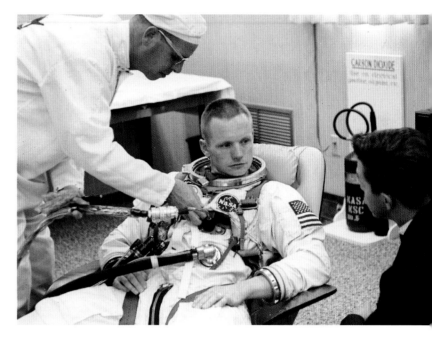

尼爾・阿姆斯壯正準備要執行雙子星 8 號飛行，時間在西元 1966 年 3 月。

能夠很快應變，也比我們今日承擔較多的風險。下一個雙子星任務，雙子星 7 號，提前上場，在 12 月先行發射，而後才是雙子星 6 號（已重新設計為雙子星 6A 號）。這兩艘太空船在地球軌道會合，相距到一英尺（三十公分）之內，但是沒有進行對接，因為它們沒有要進行這個項目的配備。一切要等到雙子星 8 號才要進行真正的對接測試。

### 狀況百出的愛琴娜
在多節火箭中，愛琴娜（Agena）是一款位於上層段的火箭，原先是設計用於施放美國的人造衛星，在主推火箭熄掉之後接力推上地球軌道。在雙子星計劃中，愛琴娜火箭加了一個對接接頭，使它可以跟雙子星太空船連結，作會合和對接的演練，且可用於雙子星太空艙定位（進而節省太空艙的燃料供應），也可以讓太空人在太空中作太空漫步練習。愛琴娜火箭上還安裝了一個可以再度發動的火箭引擎，可以把跟它對接上的雙子星太空艙推上更高的地球軌道。愛琴娜火箭有廿六英尺長（八公尺）（加上另外安裝對接用的接頭），直徑大約是五英尺（一點五公尺），它有一個相對較小的火箭引擎，推力大概是一萬六千磅的推進力（約七十一千牛頓，71kN）。

愛琴娜火箭在美國空軍用來發射衛星時十分成功，可是到了太空總署，雙子星計劃中，改裝為雙子星愛琴娜目

標載具（GATV）後，卻是狀況連連。在七次試射中只有兩次完全成功。這就難怪阿姆斯壯和史考特會在執行任務飛航幾小時後，一發現狀況不對馬上就懷疑是愛琴娜出了問題。

一開始，狀況看起來都很不錯。西元 1966 年 3 月 16 日，阿姆斯壯和史考特正他們的雙子星太空艙中等待，船從佛羅里達州的卡納維爾角（Cape Canaveral）發射升空。這次使用空軍的泰坦飛彈（Titan missile），它原本是一枚洲際彈道飛彈現在改用為發射太空艙（Saturn IB），因為農神 1 號 B 型推進器還在研發中。東部時時上午 10 點，愛琴娜在另一個泰坦上從附近的發射台升空，順利進入軌道內，調整方位，準備預定的對接。在 11 點 41 分，雙子星 8 號從第 39 號發射台（Launch Complex 39）升空，一切順利。到目前為止，愛琴娜運作完全正常，就等著雙子星組員到來。阿姆斯壯和史考特飛出完美的軌跡，一路追趕到愛琴娜與它進行對接——這是他們這次任務的首要目的。「我們準時跟著泰坦出發了，」阿姆斯壯事後回憶道，「這是個好兆頭……表示我們的會合時程會完全按照我們練習時的狀況進行。」[14] 為了會合，雙方的發射時間要控制在幾小時之內完成，這是非常重要的環節。

一旦進入了地球軌道，兩位太空人立刻檢查所有系統，調整好太空船上的慣性導航平台（inertial guidance platform），它會指示太空船上的機載計算機引導太空船航向愛琴娜。這裡用到的導航計算機，是那個時代小型化的傑作，大約是烤箱大小，用磁帶儲存數據（功能如同很慢的硬碟），大約與操控現代烤箱相同的計算能力。不過搭配當時最高超的編寫程式技術，已經足夠結合太空船上的陀螺儀和雷達，它提供太空組員必要

前頁：一枚早期的愛琴娜火箭，愛琴娜 A 型，正被吊起來要安置到擎天神火箭頂端，時間是西元 1960 年。

上圖：尼爾‧阿姆斯壯，走在鏡頭前方，他正要和大衛‧史考特前往登上雙子星 8 號。他們在西元 1966 年 3 月 16 日發射前留下這張畫面。

的協助，找到愛琴娜火箭，並靠近；當時愛琴娜火箭 1200 英里（1900 公里）外。

幾個小時過後，他們就快要接近目標了，他們停下來吃點東西稍微休息一下。接著要進入最後階段的工作——這是這項任務中最艱難的部分——他們漸漸縮短與愛琴娜

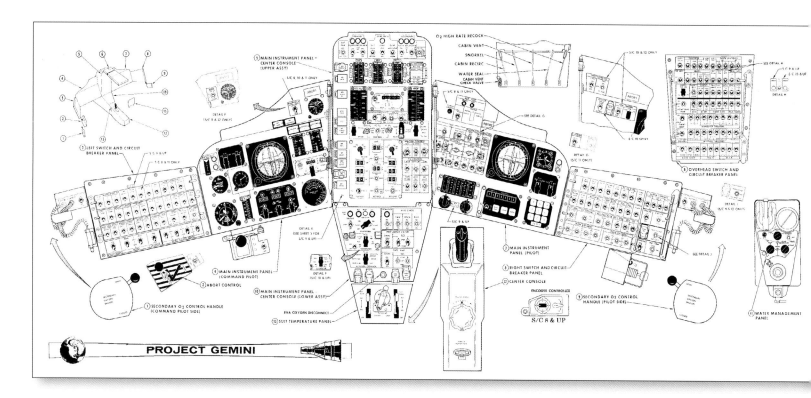

PROJECT GEMINI

此為雙子星太空船的控制台，阿姆斯壯就坐在靠左邊的位置，他快速掃讀儀表上的數據，想要找出差點危及生命的太空船突然自旋的原因。

火箭之間的距離。在飛行了大約 4 小時又 40 分鐘之後，他們目擊到愛琴娜在大約 76 英里（122 公里）之外。

有短暫時間他們無法目視到愛琴娜，但是他們仍舊朝著它接近，很快的，他們看見愛琴娜的信標燈在地平線上閃爍。

當兩艘太空船逐漸靠近時，阿姆斯壯和史考特變得越來越激動，這從他們跟任務指揮中心的無線電通話就可以聽得出來。

史考特：「你現在是 900 英尺（274 公尺）……每秒 5 英尺（1.5 公尺）。」

阿姆斯壯：「這真是不可思議。太不可思議了！」

然後，過了幾分鐘：

阿姆斯壯：「我們現在和愛琴娜位置保持在 150 英尺（45 公尺）。」

在接下來的 30 分鐘裡，他們環繞愛琴娜目視檢查了一遍——一切看起來都很好。兩艘太空船最後只剩幾碼距離了，他們移動得非常緩慢，每秒大約只移動 3 英寸（8 公分）。阿姆斯壯小心翼翼地把雙子星太空艙的前緣推進入

愛琴娜的對接接頭裡，把對接閂鎖扣上，兩艘飛行物就確實連結在一起了。

阿姆斯壯：「飛總，我們完成對接了。真好，它配合得真棒。」

接著的二十分鐘裡，太空組員向任務指揮中心確認愛琴娜和雙子星太空艙之間的通訊電路連接正常。當地面管制員們在分析讀數時，太空艙通訊員吉姆・洛維爾（Jim Lovell），他也是一名雙子星計劃裡的太空人，當天是由他值班，發了一則訊息，提醒大家要小心愛琴娜曾經是個難搞的麻煩傢伙。

太空艙通訊員：「如果你們遇到麻煩，發現愛琴娜上的姿態控制系統發狂的話，你就下達 400 指令把它關掉，然後由太空船來接管。」

這裡所說的姿態控制系統（attitude control system）是由好幾個分佈在愛琴娜四周的小型火箭推進器組成。點燃這些推進器產生小爆發就可以重新定位太空船。這套姿態控制系統從水星計劃時代就開始使用，通常都已經認定它是可靠的——但是雙子星—愛琴娜目標載具（GATV）版

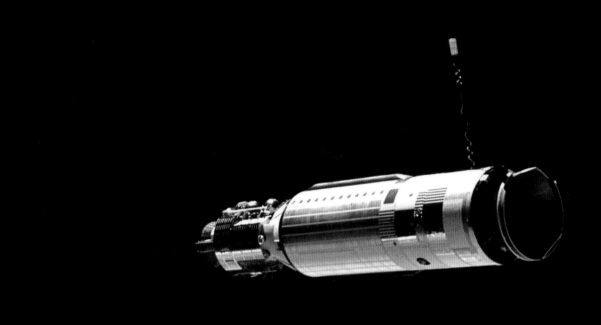

上圖：雙子星 8 號正對雙子星－愛琴娜目標載具進行繞飛檢查。

右圖：雙子星 8 號與雙子星－愛琴娜目標載具正在進行對接。對接之後馬上就出現問題。

的愛琴娜是個十分挑剔的磨人精。400 指令是個電腦代碼，在緊急狀況時可以用它關掉愛琴娜的操作系統。

　　接下來，雙子星 8 號陷入沉默幾分鐘，因為它正從一個地面追蹤站轉換到下一個追踪站。在雙子星任務期間，太空總署在地球周圍分佈了一些無線電波追踪站，可以提供太空船在太空軌道飛行時能有相對較好的通訊，但是這個通訊網並不是完全無縫密合。從地面追蹤站到美國海軍在海上的追蹤船，每個碟形天線把無線電訊號一個接一個傳送，而中間有間隙，則任務管制中心就會失去連絡。通常這並不會造成問題，因為相對而言雙子星太空船上是可以自給自足的。可是今天的狀況不一樣，當通訊恢復過來

時，赫然看到一則令人震驚的訊息。

　　史考特：〔尖銳急促的聲音〕「我們碰上大麻煩了……我們……我們在不停的上下翻滾。我們脫開愛琴娜了。」

　　史考特的聲音流露出他正在經歷著緊張的情況。在無

吉姆 • 洛維爾（後來阿波羅 8 號和阿波羅 13 號的太空人）是雙子星 8 號的太空艙通訊員。比爾 • 安德斯（Bill Anders，後來阿波羅 8 號太空人），坐在他身後。他們緊盯著螢幕上雙子星 8 號在飛行中自旋的情形，愛莫能助。

線電通訊中斷期間，天空中頓時一陣混亂。才跟愛琴娜對接不久，史考特就發現他們在慢慢滾動——有股力量使緊緊連結在一起的雙子星和愛琴娜，開始改變方向。阿姆斯壯試著點燃機動推進器來挽救，可是已經成了連體嬰的太空船還是持續偏離軸線。

史考特想起洛維爾交待萬一遇到愛琴娜故障時的作法，他輸入 400 指令給愛琴娜上連結的電腦，關掉愛琴娜的操作系統。雙子星太空船一直表現得很正常，直到對接以後的時間點上——問題當然就是出在經常惹麻煩的愛琴娜身上。情況還是沒變。史考特再次按下指令並一一重啟

各個電源開關，以確定太空船上的系統都在正常運作。但是太空船還在繼續滾動。

阿姆斯壯推測是愛琴娜發生故障了，他對史考特說，「我們要脫離愛琴娜，解除對接。」史考特同意這麼做——他們兩人都想在二艘太空船的轉矩大到使二者難以脫離前，趕快脫離愛琴娜這一節火箭，何況其箭體內還裝滿了爆炸性燃料。

阿姆斯壯打開了緊緊扣住兩艘太空船的對接閂鎖，退了出來——旋轉的情形卻變得更嚴重。雙子星太空艙沿著不同的軸線不停地翻滾——在太空中不停扭曲和轉動——

且不斷加快速度。事情這下子才弄清楚，其實跟愛琴娜連在一起還可以緩和雙子星翻滾的速度。事實上，問題是出在雙子星太空艙身上。工程師後來查明了原因，是一個推進器控制發生短路，造成軌道姿態及操縱系統（Orbit Attitude and Maneuvering System；簡稱OAMS）卡住不能關閉，所以會一直不停地噴燃。除非想出解決辦法，否則它會一直噴個不停直到把燃料耗盡為止。

這是美國在太空飛行中第一次遇到的緊急情況，沒有人知道應該怎麼辦才好。雙子星太空艙現在幾乎每秒轉動一圈，接近使太空人暈頭轉向迷失方向的臨界點，這固然很危險，他們甚至有可能會昏迷，那則是會致命。太空艙會一直轉動到耗盡燃油為止，因為太空中沒有空氣阻力，它將會一直不停地在軌道上轉動──船上帶著兩具太空人的屍體──持續好幾年。

阿姆斯壯拼命握住控制器操縱桿，之前上了幾百個小時的模擬訓練課程中所學過的方法他都用上了，想把太空艙穩定下來。沒有一樣行得通。他叫史考特趕快來試──阿姆斯壯認為自己可能有那裡疏忽了。可是史考特試了好久也無法止住翻滾。

情況現在變得很危急。當太空船在軌道上快速翻滾時，任務指揮中心收到的訊號就變得斷斷續續的。

阿姆斯壯：「我們一直在滾動，我們沒辦法關掉任何東西。一直朝左手邊滾過去。」

太空艙通訊員：「收到。」

任務指揮中心也不知該說什麼好。

突然，就在經過緊張的幾分鐘後──

史考特：「行了，我們漸漸控制住太空船了，我們用重返控制系統阻止翻滾了。」

（重返控制系統即 Reaction control system，簡稱 RCS）

### 緊急返航

在任務管制中心這頭，飛行總監約翰‧霍奇（John Hodge）望著他的上司們，他們告訴他他早就心知肚明的事──任務結束了。阿姆斯壯做了他目前唯一能做的選擇──他不再用軌道姿態及操縱系統（OAMS）來操作太空艙，它已經明顯故障，他關掉它，啟動了重返控制系統（Reentry Control System，簡稱 RCS）。這是第二套完全分離的推進器系統，配備了小型的燃料，設計在返航時，用於使太空艙保持適當方位，以免起火燃燒或是超越了預定落水區。

現在的問題在於，軌道姿態與操縱系統故障，而重返控制系統已經啟動，他們必須立刻重返地球。一旦重返控制系統開始運作，他們無法確定它有沒有漏油，萬一它漏得太嚴重──或是阿姆斯壯過度操作──很可能會有害平安返回的能力。

霍奇通知了他們；任務結束了，準備重返。但是他們不能按照原定時段回到預定地點。這是這次飛行緊急狀況的頂點，所以他們將應變計劃輸入電腦，準備重返在及日本沖繩附近落海。任何人都不希望發生這種情況，但是現在他們別無選擇。阿姆斯壯跟史考特說，「沖繩……也好，我本想再跟他們討論一下關於返航的事，但是我也不知道我們還能怎麼做。」[15] 史考特也同意他的看法。他們兩人都明白這不是原先的計劃，海軍一定會緊急派船來接回他們。他們很可能會在熱帶海域上漂流一陣子，困在一個上下起伏搖晃的太空艙裡，太空艙裡的溫度也很可能立刻就會升高起來。雙子星太空艙是艘很好的太空船，但它可不如一艘行駛海上的遠洋船。

他們成功地落海，一架海軍軍機很快就來到太空艙附近放下潛水人

這是雙子星 8 號太空船的推進器示意圖。出狀況卡住的那個推進器位在太空艙的後方。

　　巴茲・艾德林在登月小艇中留影，當時正在飛往月球的路上。巴茲的近身照片我們經常可見，可是這張放大的組合照片讓我們看到更多的登月小艇的內部。這張照片是我們從最近公布的檔案照片中搜集到的。右邊窗戶上是一部 16 毫米電影攝影機，它拍攝到人類第一次登陸月球時精彩動人的影片。照片中間，上方處是任務檢查表，在左右兩側控制台上看到的是所謂的，（撞球桌上的）「8 號球」，它們是姿態儀（attitude indicators），顯示飛行器相對於地平線的姿態，

太空人─所有飛行員─堅持一定要在阿波羅太空船上加裝上它們。登月小艇由於尺寸較小所以比較輕巧，但是，當它裝滿燃料時，仍是重達 33500 磅（15200 公斤），減去燃料的話，它也有 9430 磅（4277 公斤）─燃料是很重的。在這狹小的加壓艙內，它的內部空間是 235 立方英尺（6.6 立方公尺），其中只有 160 立方英尺（大約 4.5 立方公尺）是可使用空間─大約是一座活動衣櫥大小。一旦太空組員穿上整套的太空服後，裡面就剛好只剩他們可以容身之處。

上圖：大衛 · 史考特在左，阿姆斯壯在右，他們正準備離開雙子星 8 號太空艙。他們緊急返回地球，並在太平洋上漂流了漫長一陣子後。

左圖：約翰 · 霍奇，他是雙子星 8 號遇險時的飛行總監。

大衛 · 史考特後來是這麼形容阿姆斯壯：「他真是個優秀的傢伙。他非常熟悉整個操作系統。在那麼大的壓力下他能想出辦法，用他的辦法把問題解決掉……。那天跟他一起飛，是我的幸運日。」[17]

阿姆斯壯的首航任務就這麼結束了。然而，這並不是他最後一次的太空歷險。

員，潛水員把浮筒固定於太空艙，以防止它下沉，即令太空艙已經開始進水。不過浮筒還是阻止不了太空艙在海面上上下顛簸。「雙子星真是一艘恐怖的船。」阿姆斯壯事後這麼說。[16]

那是個漫長又令人暈眩的兩小時，之後一艘驅逐艦出現，這兩位疲憊、不適的太空人，帶著嘔吐後的不寧及汗水濕透的全身，終於登上軍艦。

### 雙子星10號：創下新紀錄

麥可 · 柯林斯的任務就容易多了。他在雙子星 10 號任務中擔任飛行員,他很幸運能有約翰 · 楊(John Young)擔任這次任務的指揮官,楊是太空總署裡最受人尊敬的太空人,他是執行雙子星第一次飛行任務的飛行員。這是另一趟要跟愛琴娜火箭進行對接的飛航,緊接在雙子星 9 號執行完任務之後;雙子星 9 號也經歷了愛琴娜出錯的戲碼。就在雙子星 9 號預備要發射升空時,比它稍早發射的對接目標愛琴娜竟然一離開發射台後就爆炸了。有鑒於愛琴娜在雙子星任務中不斷上演出錯的戲碼,太空總署早就設計好一套備案,他們準備了一枚陽春的增強型目標對接適配器(Augmented Target Docking Adapter,簡稱 ATDA),基本上就是一枚沒有主要推進引擎的愛琴娜,但是它有很多小巧的操控推進器。備用火箭很快就準備好立刻發射出去。可是,當它到達軌道後,它沒有立刻把鼻錐上的整流罩完全脫掉。等到雙子星 9 號跟它交會時,雙子星無法跟它進行對接——對接器的接頭被鼻錐上突出的整流罩擋住了。

有人可能會認為愛琴娜有點兒像傳說中的**飛翔的荷蘭人**(*Flying Dutchman*),是一艘被詛咒的幽靈船。不過,西元 1966 年 7 月 18 日發射的雙子星 10 號,緊接在愛琴娜完美無暇的發射之後一個半小時升空,載著柯林斯和揚,這次,一切順利,雙子星太空艙上了地球軌道後,跟愛琴娜相距大約 1100 英里(1770 公里)。組員們經過一點小努力找到了愛琴娜跟它會合。柯林斯在依照原訂使用六分儀人工操作飛航測試時發生了困難,所以他們改用地面站追蹤飛往愛琴娜。這樣就比在理想狀況下消耗了較多的燃料,所以他們跟愛琴娜維持較長時間的對接,利用愛琴娜的燃料和推進器飛行。他們接著用愛琴娜的主引擎,推進了地球軌道更高處,達到 412 英里(663 公里),留下載人航空器飛上地球軌道最高高度的紀錄,至今沒變。

他們稍微休息了一下,再利用愛琴娜把自己定位在當初雙子星 8 號所拋棄的愛琴娜同一軌道上,然後,柯林斯進行了他兩次太空漫步中的第一次。就只是個簡單的「站起來」的太空漫步,柯林斯打開艙口,從他的座椅上站起,用攝影機做些攝影試驗。

又稍微休息了一會兒,他們跟運作中的愛琴娜解除對接,然後繼續去尋找被丟棄在太空裡的另一枚愛琴娜。它距離在約 100 英里(160 公里)以外,像塊岩石般死氣沉

上圖:雙子星 10 號發射升空時的多重曝光照,時間是西元 1966 年 7 月 18 日。

下圖:從雙子星 9 號上所看到的增強型目標對接適配器和它翹起的整流罩。當時的任務指揮官湯姆 · 斯塔福(Tom Stafford)說它看起來像是「一隻生氣的短吻鱷」。

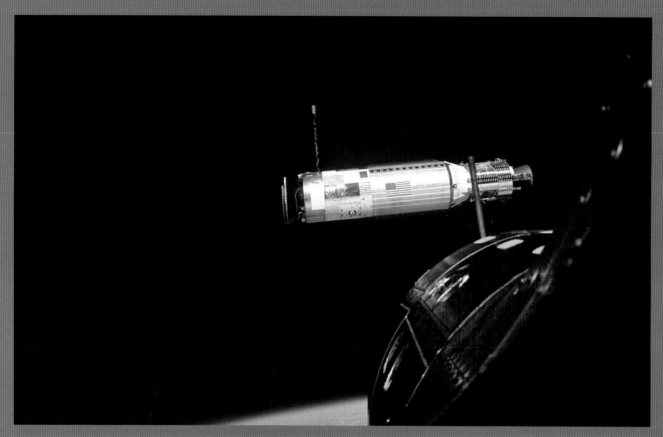

上圖：雙子星 10 號完成了兩次對接任務，圖中它正在靠近兩次對接中的第一枚愛琴娜火箭。

左下圖：太空人麥可・柯林斯，是由任務指揮官約翰・楊在雙子星 10 號太空艙裡幫他拍攝的。

右下圖：約翰・楊在左，麥可・柯林斯在右，他們在執行雙子星 10 號飛行任務之前合影。

約翰 ・ 楊在左，麥可 ・ 柯林斯在右，自雙子星 10 號太空艙收回後拍攝。

沉的──它沒有航行燈或其它可幫得上忙的東西──但是他們最後還是找到它，又進行第二次的會合。這次，柯林斯進行了一次較為大膽的太空漫步，他爬出雙子星太空艙，藉操控一具小型的手持氣體推進器，從他的太空艙飄到雙子星 8 號所拋棄的愛琴娜。柯林斯稍後談到了這次經驗，當時他完全失去方向感，在他要採集一些微殞石實驗數據時，還差一點抓不住那報廢的愛琴娜，不過，最後還是超乎預期地完成這次開創性任務。

在發射升空七十個小時之後，他們成功回到了地球，沉浮在大洋之中等待把他們接回。到此，雙子星計劃已經接近完成階段，再做二次飛行任務後馬上就要開始進行阿波羅計劃了。太空會合和對接都已切實掌握，太空人在兩個太空船之間的移動測試也做得很成功，只是太空漫步在

某些方面還做得不得要領。阿波羅計劃最重要的目標就是要到太空艙以外的太空中做有用的工作，不料要達到這個目標竟比原先預期的還要難上加難。如今他們只剩下兩次機會去把一切搞定了。

雙子星 11 號在西元 1966 年發射升空，成功與愛琴娜對接了五次。他們利用愛琴娜的火箭引擎完成軌道飛行載人的最高紀錄，從地表算起有 850 英里（1370 公里），這項紀錄至今仍然保持著。

## 雙子星12號：任務圓滿達成

隨著前面雙子星計劃的飛行任務一一執行完畢，巴茲・艾德林也要開始準備他的雙子星12號任務了，這是雙子星計劃裡的最後一趟飛行任務。他下定決心要完成這次的使命，熟練在太空漫步中使用工具完成一些工作。太空總署在馬利蘭一所私立中學租下了游泳池，他就在裡面孜孜不倦地做水下訓練。他一次又一次下潛到水底最深處，帶著雙子星和愛琴娜部件的局部模型裡在水底一待就是好幾個小時。他一遍又一遍重複演練每個步驟。他也在太空總署的模擬零重力飛機裡做了數十遍的拋物線訓練飛行；那架飛機被大家暱稱為「嘔吐彗星」（the vomit comet），那架改裝過的噴射客機，先以陡峭的角度向上飛起，然後機首向下俯衝，讓機艙裡的太空人——穿著太空服，一副準備進入太空的模樣——有一至兩分鐘的無重力狀態。艾德林在這兩個環境中仔細練習，不管多麼細微每一步驟。多數的太空人同僚認為他認真過頭了，還有些人認為他做的這些太空漫步訓練是白費力氣。但艾德林總是堅持信念，絲毫不受他們影響。他直覺認為在模擬環境下所做的這些練習會是太空漫步成功的關鍵，他不停地練習到就算是睡著了也能完成他的指定任務。

到了西元1966年11月11日那一天，艾德林一如往常全部準備妥當了。艾德林是雙子星12號的飛行員，吉姆・洛維爾，飛過雙子星的前輩，是這趟任務的指揮官。在佛羅里達時間下午2點8分，雙子星任務中少不了的搭檔，對接目標愛琴娜目標節段，從14號發射台發射升空，順利進入太空軌道。證明，它在雙子星計劃的最後一趟飛行任務中，總算成了一位可以信賴的夥伴了。

九十分鐘之後，雙子星12號從卡納維爾角升空。幾分鐘後，他們進入了地球軌道，洛維爾和艾德林開始準備要找到愛琴娜進行對接。艾德林花了一些時間把數據輸入到雙子星飛行電腦中，這是個很辛苦的過程。當所有基礎程式都變成固定的電腦程式時，任何變動參數都要耗時費力地由一個小數字鍵盤輸入。

過了半小時，他們的雷達首次發現到愛琴娜。「休士頓，聽好，我們鎖定目標了，255.5海里處（473公里），」艾德林用無線電向地面傳訊。

然後，毫無預警地，電達訊號消失了——它沒辦法跟太空船上的電腦連線。怎麼敲打按鍵也沒用，每次雙子星跟愛琴娜交手，失敗總見糾纏不斷，只不過，這次問題不是出在愛琴娜身上，是雙子星的飛行系統出了問題。接下

巴茲・艾德林正在上雙子星12號受訓。

左圖：巴茲‧艾德林為他的雙子星 12 號任務裡的太空漫步做水底訓練課程。這是太空總署的最後一次機會。太空總署要先證明太空人能夠在開放的太空中展開工作，而後才能開始進行阿波羅計劃。

右圖：巴茲‧艾德林辛苦地在雙子星太空艙的模型裡進行水底訓練課程。我們看到他正在使用安置在太空艙後面的微型電腦工作站「忙碌的盒子」（busy box）進行繁瑣的計算。

來發生的事，簡直是太不可思議了，所有問題都靠著「人腦」來解決。

「遇到這種狀況的備用作法就是，所有組員們都去查閱錯綜複雜的會合圖表——那是我曾幫忙做出來的——用自己腦袋裡的「馬克 1 號萬用電腦（Mark I Cranium computer）」解讀所有數據……然後去跟太空船上的電腦做確認，」艾德林事後這麼說。[18] 總之，艾德林用他的腦和他的雙手，加上正是為了這種緊急情況才帶進機艙的六分儀，他就可以繼續航行了。

在艾德林之前也有人試過這種辦法，不是別人，正好就是他未來的太空夥伴麥可‧柯林斯，但是沒有像他這麼厲害。這次任務及太空總署幸虧有他這位「會合博士」——很多太空人都這麼稱呼艾德林，聽起來有點兒不以為然的味道——參與。

艾德林的解決方式，牽涉到很大的利害關係——不只是這次的任務靠著手動導航得以成功，這也是阿波羅未來在執行登月任務時有可能在會合時遇到電腦失靈的緊急狀況下用得上的解決辦法。沒有人會願意在月球軌道上，卡在兩艘找不到彼此的太空船裡發愁。

艾德林靠著他的的圖表，一個六分儀，還有費勞力的

計算，不只指引他們找到了愛琴娜，還寫下今仍保持：消耗最少操作燃料的紀錄。

他們練習了幾次對接和解除對接，接著準備重新啟動推進器飛往更高軌道。可是，此時愛琴娜顯示它的引擎可能有些狀況，為了怕導致引擎故障這樣的大災難，飛行總監決定取消再次發動愛琴娜的火箭引擎。備感失望的艾德林和洛維爾，只好先行用餐休息一下。

在發射升空二十一個小時後，艾德林展開他第一次的太空漫步——只是起身打開艙門口，人並沒有離開太空艙。就像柯林斯幾個月前做過的太空漫步一樣，艾德林也是拍攝影片，從外部採集一些微殞石的實驗數據。突然，他發現了一件令他有些驚訝的事。他事後回憶道：

「就在我第二個晚上進行太空漫步時，我發現在我工作手套的指縫間有藍色小火花在跳躍。……很顯然太空裡並非空無一物。太空中充滿了肉眼看不到的能量：磁場和靜悄悄的重力。太空有一個隱藏的織網，而我壓力手套的手指正巧觸動了它幽微纖細的線。」[19]

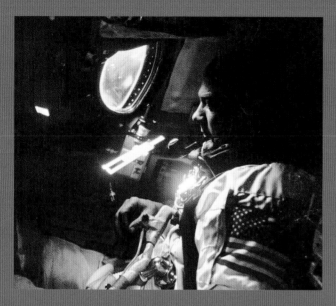

左上圖：巴茲 · 艾德林在雙子星 12 號飛行任務中，他用人工計算方位找到了對接目標愛琴娜火箭。圖中，他的計算尺，用來人工計算太空船會合很重要的工具，正漂浮在他面前。

右上圖：艾德林正在進行他第一次的太空漫步；他總共做了二次太空漫步。

右圖：在鏡頭前面的是吉姆 · 洛維爾，他是雙子星 12 號的指揮官，在他身後的是巴茲 · 艾德林，他們正在執行飛行任務。

下圖：艾德林在進行他第二次太空漫步，他正一路走向愛琴娜。

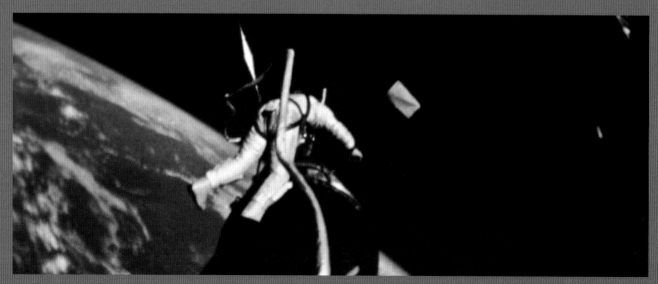

一切發生得太快，轉眼消失，艾德林回到太空艙裡準備在太空裡「過夜」──在執行下一個太空漫步前，先休息一下。下一個太空漫步可是非常重要。他要在這趟雙子星計劃的最後飛行中證明太空人在太空中也可以完成一般平常例行的工作。很多事都等著看這趟任務能否成功；它不僅關係到阿波羅計劃的未來，還要證明艾德林在過去幾個月來自我鞭策繁重密集的水底訓練課程，是一個訓練在太空無重力狀行動的有效方法。

到了隔「天」，艾德林在身上鉤了一條超長的臍帶，離開了減壓的雙子星太空艙，在他往前移動的同時洛維爾就在後面幫他送出臍帶軟管。艾德林小心翼翼地越過太空艙前端，抵達了對接著的愛琴娜。他將身體慢慢往前挪移，兩手輪流交替使用，為等

艾德林在左，洛維爾在右，雙子星 12 號濺落之後他們被迎接上岸。任務圓滿達成。

一下要進行的「重力梯度（gravity gradient）」實驗做好準備，然後他回到太空艙跟洛維爾交換了攝影機，再繞到雙子星太空艙後面那裏有個中空接合環，太空漫步任務實驗接在此處進行。一到了太空艙後方，艾德林就把他的太空靴套入最新設計的腳束，幫助他在無磨擦又無重力的環境下保持他想的方位。他用到了他在水下模擬機和「嘔吐彗星」所學到的經驗，每扭擺一下臀部或用手抓握時，都十分小心精確，儘量減小動作的幅度和力矩。

艾德林在艙後的微型電腦工作站，所謂「忙碌的盒子」，開始進行指定的工作項目。他要把各式各樣的螺絲擰緊，切割螺栓，做一些太空人所說的「黑猩猩做的小事」──當然，從來沒有黑猩猩曾經在無重力環境裡做過這些事情。他在這裡連續待了兩個小時，做完長長一串工作清單上面所列的項目，再用心檢查每一步驟。然後，不怎麼費勁的，他回到太空艙的艙門口，清了清窗戶，再進到艙裡面去。太空總署在經歷了前面三次令人沮喪的飛行挫折後，從艾德林證明了只要做好妥適的準備與訓練，太空人在太空漫步時的確可以完成一般日常例行的工作。在此之前的每一次太空任務都為嚴峻的太空漫步知識資料庫貢獻了寶貴經驗，但是一直等到雙子星 12 號出現才有人把它做得盡善盡美。

會合博士又得到第二分積分。

又過了兩天，洛維爾和艾德林再進行一次在座位起身的太空漫步後，他們就點燃重返推進器，一路穿越熾熱的火焰尾，然後濺落到百慕達附近的大西洋裡。雙子星 12 號幾乎完成所有任務的目標，更重要的是，它證明人的能力──在太空中憑人工導航找到愛琴娜，還有，他們表現了整個計劃裡第一次完美無瑕的太空漫步。

正如艾德林事後回憶說，「雙子星計劃最後終於勝利成功。它*所有的目標*都有達到。我們已經準備好要進行阿波羅計劃，我們準備好要征服月球了。」[20]

# 阿波羅太空人的子女

「我不明白我爲什麼會受到大家關注，不管是好是壞——
但我不認爲我做了什麼值得大家關注的事。」

——瑞克‧阿姆斯壯（*Rick Armstrong*），尼爾‧阿姆斯壯之子

在德州休士頓效區和佛羅里達州甘迺迪太空中心有許多全新、櫛比鱗次的社區，是太空人及他們的家屬，還有成千上萬參與太空計劃工作的人員和他們的家屬，密切往來之處所。雖說孩子就是孩子——不外乎踢踢足球、送送報紙，還有上學唸書——但是身爲太空人的子女就是跟別人有點不太一樣，雖然有很多太空人的子女們當時並沒有察覺。

阿波羅 11 號的三位太空人每人都生了三個孩子。阿姆斯壯有兩個兒子和一個女兒（很可惜女兒在小時候就夭折了），艾德林有兩個兒子和一個女兒，柯林斯有兩個女兒和一個兒子。這些孩子，身爲首批登月英雄之子女，在父親的光環下，每人應對人生的方式都不一樣。以下是兩位「阿波羅太空人的兒子」在接受作者訪問時與作者分享的回憶。

圖 58 在美國德州休士頓附近出現典型的郊區自詹森太空中心蔓延現象。太空人和他們的家人居住在像這樣的社區中。

# 安德魯 · 艾德林（ANDREW ALDRIN）

安德魯 · 艾德林出席一場會議，當時發言的模樣。

安德魯 ·「安迪」· 艾德林出生在美國太空總署成立的同年，西元 1958 年。他的職涯發展從波音公司和聯合發射聯盟公司（United Launch Alliance；簡寫成 ULA）的主管職，一直到後來擔任月球快遞公司（Moon Express）的總經理；月球快遞是成立於北加州的一個小型創業公司，目標是把第一批私人機器人送上月球。他也主持巴茲 · 艾德林太空實驗室，當初建立的宗旨是要推展太空探險和發展的相關事宜，目前他是佛羅里達理工學院的副教授。他的一生雖然是以太空為職業，但他小時候其實是喜歡踢足球勝過玩太空飛行。安德魯簡單描述了他童年生活如下：

> 我從小在〔德州的〕拿騷灣（Nassau Bay，Texas）長大，那兒有點像是太空人的國中國（enclave），所以，有個父親上月球或到外太空去是件很平常的事。我的小學裡全都是太空人子弟。

我父親很忙，時常不在家，但他的工作就是那樣。在我們居住的地方，大多數人都是在太空總署工作，而太空總署的工作可不是一週只要上班四十小時就可以的工作。所以，我從小並沒有希望我父親能像別人的父親那樣可以經常在家，因為其他人的父親也都是跟我父親一樣的工作那麼忙。

他還記得他父親在準備雙子星 12 號任務期間的樣子：

> 我父親執行雙子星 12 號任務時，我才七、八歲，在我父親要出任務前，我只知道他們幾個月前的雙子星 8 號任務在太空漫步時出了狀況，但我真的不知道他費那麼大的功夫想要用雙子星 12 號去彌補那個漏洞。我倒是很清楚他做的那些準備工作，那些太空漫步和在水底下的訓練。真是的，也不知道該怎麼說他，他在我六歲時就讓我背上潛水用氧氣瓶，第一次被他丟下游泳池。那跟太空漫步根本一點關係都沒有——我想他只是想分享他在水底訓練時所感受到的魅力吧！

阿波羅 11 號發射時，安迪正好十一歲。關於該項任務的危險性，安迪說，「除了我要去太空總署把月球模擬器打掉之外，我對於第一次登陸月球的危險性實在是沒有什麼概念。真正讓我擔心的是登月小艇的上升引擎⋯⋯。但是，就跟其它部分一樣，我想一切都會沒事的。當然我現在是懂得當時有多麼危險了。」安迪對當時月球漫步的記憶更是鮮活：

連接到電視攝影機上的電線，一旦解開來就很難乖乖平躺在地上。它們很容易被笨重的太空漫步衣的靴子鉤到。

　　我記得最清楚的是我父親在月球上跳來跳去的樣子。我知道他為什麼要這麼做……他在試著找出在月球上最好、最有效率的走動方式。所以，當他在月球上像兔子一樣蹦蹦跳跳時，我擔心的是一條電線，那條從登月小艇連接到某個實驗器材或電視攝影機的電線，我幾乎要相信他會被那條電線絆倒，跌個四腳朝天。我其實向來都不太擔心他，你是知道的——我相信太空總署的技術是最棒的。但是，要是他在好幾億的電視觀眾前面被電線絆倒了，最要緊的是，我學校裡有二百位同學同時都在看著，那可真是太可怕了。我不是怕他死掉，我是怕他讓我丟臉，那可把我嚇死了。這就是一個十一歲小孩看著他爸爸在月球上漫步時心裡頭的想法。

　　安迪在訪談最後用他父親對太空永無止盡的熱愛做結尾：「那絕對是他一輩子都離不開的工作，再沒有比那工作更重要的事了。他無時無刻不想著他的工作。對我父親而言，太空純粹已經是他個人的最愛了。」

## 艾瑞克・艾倫・「瑞克」・阿姆斯壯（ERIC ALAN "RICK" ARMSTRONG）

　　瑞克 ・ 阿姆斯壯的童年很可能都是活在月球的陰影下，不過地球上的大海卻吸引他終身以大海為業。他在美國俄亥俄州 的維滕伯格大學（Wittenberg University）唸完生物系之後，當了幾年海洋哺乳動物的訓練員，然後進了美國海軍到夏威夷服務。在過去幾十年來，他的工作都跟電腦軟體和資料庫設計有關。他記憶中的父親，尼爾，是個博學多聞卻態度謙虛的人；已然成為傳奇佳話，「父親廣泛閱讀，懂得很多方面的事，但是他也不怕承認他聽不懂大家在聊的話題，如果真遇到他聽不懂的時候。」他說他父親是這麼描述自己的，「我這人，就是個穿白襪子、口袋插著筆和工具的書呆子工程師。」

　　瑞克還記得一些關於雙子星 8 號的事，他知道是火箭動力實驗機 X-15，讓他父親投入飛出藍天

以外。「父親十分重視 X-15 計劃，」瑞克回憶道。這位未來的太空人跟著工程小組一起研究 X-15 的飛行系統，並從西元 1960 年 12 月到 1962 年 7 月之間，他就試飛達七次之多。瑞克説，「父親認為這是全體組員共同完成的成就，從來就不是他個人的功勞。」

瑞克 · 阿姆斯壯將他父親的畫像掛在愛德華空軍基地裡留念。時間是西元 2014 年。

瑞克的成長經歷跟安迪 · 艾德林很相似。「我從不覺得我們家的生活跟別人家有什麼不同。父親的工作一直是個飛行員或太空人，」瑞克回憶説，「就是一般住在郊區的生活……。一直等到後來我上大學了，我才發現父親對社會造成的深遠影響。我感到有些驚訝，也才知道自己以前錯估了父親的成就。」

那令人險些喪命的雙子星 8 號任務正是他父親所經歷的，但是父親尼爾很少提及此事。「我會問父親關於他工作上的事，但他通常説得不多……。他的確説過雙子星任務是個挑戰，他自己和大衛 · 史考特都要特別加強飛行。基本上這大概就是他在談論這類事情時最戲劇性的説法了。」那可真是對雙子星 8 號可能引起的災難最輕描淡寫的説法了。「當時我並不明白雙子星 8 號究竟遇上什麼樣的大麻煩。直到好幾年後我才曉得，當時情況真的很糟，他們差點就死掉了。」

尼爾 · 阿姆斯壯曾經給過兒子什麼建議嗎？「認真工作，凡事盡最大的努力，還有，要尊敬你的鄰居。」正因為有這些特點，再加上其它的優點，尼爾 · 阿姆斯壯和巴茲 · 艾德林才能順利完成人類首次登陸月球的任務。瑞克 · 阿姆斯壯對於那段時間的記憶多半是在校園裡。「我不覺得當時休士頓的學校有什麼不同的地方，至少我看不出來。要等到（登月任務完成之後）我們搬離了休士頓以後，事情才有所變化，……。我不明白我為什麼會受到大家關注，不管是好是壞──但我不認為我做了什麼值得大家關注的事。」瑞克回憶道：

> 當時我的年紀已經大到知道發生了什麼事，但我還沒有大到了解事情的複雜度和它的風險。那不過就是他們〔太空人〕在做的事；那本來就是他們的工作。我們知道那個工作很危險，但是附近很多孩子的爸爸也是在做危險的工作啊。我從來就不懷疑，或者説從不感覺害怕，因為我相信一切都會沒事，就算有事，他們也會想辦法讓它沒事。

對瑞克來説，看著父親在月球上漫步不是什麼了不起的大事──也許因為他父親是個謙虛的人。「看著父親在月球漫步，我真不記得當時有什麼特別的想法，」瑞克説。「看著就只覺得很酷。我知道那上面的人是我父親，他看起來做得很好。我想我們當時都很有信心，相信他一定會平安歸來。」

# 第 6 章

# 登月機器一：
# 農神 5 號火箭（Saturn V）

「這就好像約翰・甘迺迪總統伸入我們今日所處的二十一世紀，
抓住其中十年，把它靈巧地塞進 60 及 70 年代並稱之為阿波羅計劃。」

——尤金・塞爾南（Eugene Cernan），阿波羅 17 號指揮官

既然登月計劃已經決定採用月球軌道會合方式抵達月球，技術方面的特殊需求也在雙子星計劃中都解決了，如今，要想在 1960 年代結束之前完成登陸月球的目標，就還有一項跨欄障礙需要克服，那就是：打造出執行登月的機器。在水星計劃和雙子星計劃裡的火箭和太空船——階段性目標都只是為了能做到延長太空船的飛行時間，會合，還有對接——所以它們的設計都只適合在低地球軌道使用。要做到能登陸月球的機器就必須要有全新的設計，而設計製造和完成測試就是一項浩大的工程。

關於農神 5 號登月火箭，阿波羅太空船，還有把太空人送上月球的登月小艇，大家都一寫再寫已經寫得很多了。在太空總署的刊物中，電視紀錄片裡，還有像我所寫的這類書籍中，它們都已介紹得十分詳盡。話雖如此，有些事證和數據就是經得起一再回味，因為它們說明這項成就所動員幅度之遼闊、作業範疇之廣大，實在不是簡單的三言兩語就可以訴說完畢。

就從農神 5 號火箭開始，就算它比西元 1960 年開發給直接上升計劃所用的新星火箭要小，但它仍然是一件龐然大物。它的大小和重量跟二次世界大戰時期的驅逐艦差不多，可是它是要用來飛的，是要飛上地球軌道，以及往更高處的太空。

它的身高，加上置於頂端的阿波羅太空船，總共有 363 英尺（110 公尺），比自由女神像還高出 60 英尺（18 公尺）。它的體重也比自由女神像重上好幾倍——自由女神像的重量是 450000 磅（204000 公斤）；而裝滿燃料的農神 5 號火箭的重量是 620 萬磅（280 萬公斤）——重點是，它是設計用來飛上天的。

前頁：1967 年 11 月 9 日上午，農神 5 號火箭第一次發射。阿波羅 4 號無人太空艙平穩安置於其前端等待發射中。

在那驚人的重量中，約有 66,000 磅（30,000 公斤）是裝滿了燃料和生活物資的指揮艙和服務艙，而登月小艇在裝滿了燃料隨時可以飛行的情況下大概是 33,500 磅重（15,200 公斤）。總所有這些重量中，就只有指揮艙——阿波羅太空艙——會回到地球，屆時它的重量大約是 12,600 磅（五千七百公斤）。所以，最後只有不到發射時五百分之一的重量會回到地球。在回到地球的重量中，太空人占了大約 480 磅（二百一十八公斤），還有大約不到 50 磅（二十三公斤）無價的月球岩石和土壤。

農神 5 號火箭會由它所安裝的五部巨大的 F-1 火箭引擎產生 750 萬磅（340 萬公斤）推力，只比它本身的重量多了 130 萬磅（60 萬公斤）。可是這重量很快就會發生變化——火箭升空後，在抵達地球軌道之前，它就會消耗掉第一節火箭的 521,400 加侖（200 萬公升）的燃料，然後在第二階段，所謂農神 5 號第二節（S-II）火箭，再消耗掉 86,000 加侖（32 萬 6000 公升）的燃料。第一節火箭會在燃料燃燒殆盡時脫落，這當然就減輕了整枚火箭的重量。然後，第三節火箭，基於原始火箭設計考量命名為 S-IV，會

接續完成把阿波羅推進到地球軌道，再把它送上登月的旅程。

這趟飛行剖面圖顯示如下：

- 00 分，00 秒： 升空
- 02 分，42 秒： 第一節火箭燃燒完畢，第一節火箭脫落
- 03 分，12 秒： 第二節火箭（S-II）點燃
- 09 分，09 秒： 第二節火箭燃盡，脫落
- 09 分，19 秒： 第三節火箭（S-IV）點燃
- 11 分，39 秒： 第三節火箭熄火

兩個半小時過後，如果一切依照計劃進行，第三節火箭身上唯一的火箭引擎會再度點燃，它會讓阿波羅太空船和登月小艇脫離地球軌道，送入前往月球的軌道。

HEIGHT : 363 FT.
APOLLO / SATURN V
SPACE VEHICLE

HEIGHT : 305 FT.
STATUE OF
LIBERTY

MSFC 67 PA 117

一幅當年美國太空總署的圖片比較農神 5 號火箭和自由女神像。火箭不僅比自由女神高出許多，重量還是自由女神的十三倍重。

一座 F-1 引擎場在馬歇爾太空飛行中心進行測試。登月火箭上最後安裝了五具 F-1 引擎。

## 大躍進

白紙黑字列舉這些事證和數據是一回事；但是要從無到有把它們全部設計出來又是另一回事。在西元 1961 年宣布美國人要登陸月球時，當時美國庫房裡最新、最大的火箭是農神 1 號。對於飛上月球究竟需要什麼樣的設備都還只是一團模糊的概念。你若追溯就可以知道農神 1 號火箭大部分都是從 V-2 火箭改良而來——農神 1 號的第一節集合了八枚進化版的紅石火箭做推進引擎，它在西元 1961 年讓艾倫‧薛帕德完成次地球軌道的飛行。紅石火箭本身就是改良版 V-2 火箭的近親。有些觀察家們很諷刺地稱農神 1 號是「集束引擎的最後一役」。八枚紅石火箭雖然有用，但是，第一節火箭中的八個燃料槽很重，而且它們還比不上農神 5 號第一節其中任一個引擎有力；八枚紅石火箭可產生 130 萬磅（60 萬公斤）推力，而神農 5 號的第一節的 F-1 引擎可以產生 150 萬磅（6770 千牛頓力；6770 kN）。此外，農神 1 號只能把大約 5000 磅（2200 公斤）的重量送上月球——不到阿波羅太空艙本身重量的一半。很顯然的，登月需要的是更大型的火箭，而且要趕快。火箭設計需要大幅躍進才夠看。

華納‧馮‧布朗和他的德國火箭專家小組現在負責領導設計美國民用的火箭，他們因應挑戰的速度十分迅速，但是也消耗了大量資金。在阿波羅計劃整個支出的二百四十億美元費用中（是 1960 年代當時的美元幣貨），農神 5 號火箭就占了將近七十億美元，但是，沒有農神 5 號火箭，很可能就不會有登陸月球這回事——若是要把多段阿波羅系統和太空人們用農神 1 號火箭逐次發射升空的話，其複

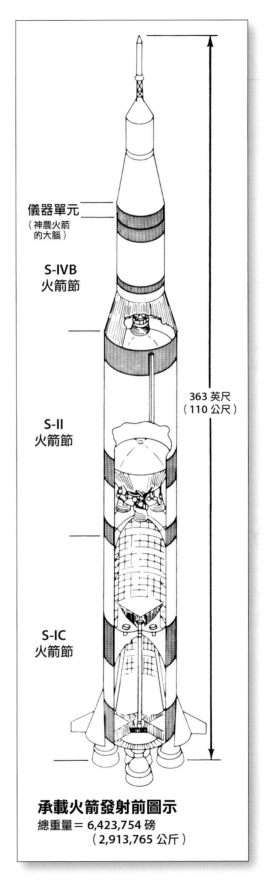

儀器單元
（神農火箭的大腦）

S-IVB
火箭節

363 英尺
（110 公尺）

S-II
火箭節

S-IC
火箭節

**承載火箭發射前圖示**
總重量＝ 6,423,754 磅
（2,913,765 公斤）

農神 5 號火箭圖解，出自阿波羅 14 號飛行手冊。

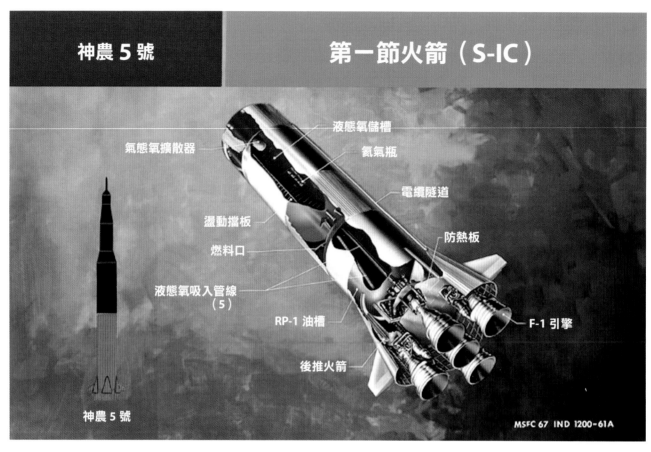

**神農 5 號**　　　　　　**第一節火箭（S-IC）**

液態氧擴散器

盪動擋板

燃料口

液態氧吸入管線
（5）

RP-1 油槽

液態氧儲槽

氦氣瓶

電纜隧道

防熱板

F-1 引擎

後推火箭

神農 5 號

MSFC 67 IND 1200-61A

太空總署當時提供的農神 5 號第一節火箭圖示。

雜程度，較發展農神 5 號火箭可能要花更久的時間才會有成果。同樣的，我們也不知道新星火箭到底能不能完成任務，就算它能，恐怕也無法在甘迺迪總統要求的期限內完成。

可是，建造一枚更大的農神 5 號火箭並不是用現成的設計直接按比例放大就可以完事了。農神 5 號火箭是一項全新的產品。它的第一節的五部引擎，右為 F-1，每部 F-1 引擎都能產生如農神 1 號八部引擎集合起來的推力，也就是 150 萬磅（6770 千牛頓；6770 kN）。但是火箭引擎規模變大了，所有相關問題就隨之一一浮現，需要把它們一一解決。

農神 5 號的第二節和第三節體型較小，但是它們使用不一樣的燃料，這又增加了複雜度。第一節使用的燃料是一種叫 RP-1 的高度精煉煤油，搭配液態氧（LOX）。第二節和第三節則是使用更高效、更具能量的液態氫做燃料，搭配液態氧；它們是從農神 1 號的上層火箭所使用的燃料演進而來的。第二節，或稱 S-II，裝有五部液態氫－液態氧引擎，稱做 J-2 引擎，而再上一層的第三節，稱為 S-IVB，則是安裝一部 J-2 引擎。每部 J-2 引擎會產生 232,000 磅（1033 千牛頓力；1033kN）推力。

這枚把阿波羅太空船送上月球的火箭引擎的故事，可說是火箭發展史中最複雜又最迷人的地方。之前從來沒有做過規模這麼大的火箭。第一節使用的那五部引擎是史無前例的大型引擎，每部引擎的推力都是當時最新的農神 1 號 H-1 引擎的七倍之大。太空總署的運氣很好，美國空軍已經先替他們開路把 F -1 火箭開發好了，原來是美國空軍與製造火箭引擎的洛克達公司（Rocketdyne）簽了約要發展一大型引擎，進行洲際彈道飛彈開發計劃，後來因為的核子武器重量變輕，美國空軍不再需要巨型火箭引擎承載飛彈，於是決定終止計劃。太空總署接手繼續開發這部龐大巨型的引擎，在西元 1959 年進行第一次試射。

F-1 火箭引擎簡是就是一頭巨大的猛獸——高度幾乎有 20 英尺（6 公尺），寬度超過 12 英尺（4 公尺），火箭噴嘴佔了絕大部份。每部引擎的重量有 18,500 磅（8400 公

斤），當五部集中到農神 5 號火箭身上時，在發射當下就能產生 750 萬磅的推力（3361 千牛頓力；33,361kN）。這些引擎以不到三分鐘燃燒時間可把農神 5 號送往上地球軌道的路途中，但是它們最後測出來的時間都燃燒得還要更久。F-1 火箭引擎其實是個嶄新的機器，不只採用許多先進的冶金、鑄造和焊接技術，還有更多其它的應用技術。它巨大的渦輪泵每分鐘要輸送 42,500 加侖（160,880 公升）的燃料，這本身就是一個很大的技術障礙。還有，雖然大家對於它所使用的燃料都已十分熟知——火箭引擎使用高度精煉煤油和液態氧已經好多年了——但是要在三分鐘內消耗這麼大的量卻是前所未有。再加上，讓引擎運轉的管線有數百英尺長，只要有塊小小的金屬碎片或冰塊被渦輪泵吸入就會引起大災難。洛克達公司遇到了他們最棘手的挑戰。

引擎是一門講求效率和巧妙設計的學問。大多數來到佛羅里達州、休士頓和亨茨維爾博物館參觀農神 5 號火箭的人，他們會盯著那五部安裝在它尾部的巨大的 F-1 引擎，但是他們不了解那些火箭噴嘴本身是用金屬管線圈做成的。當要預熱火箭燃料，或要冷卻火箭噴嘴時，都是用煤油燃料在構成噴嘴大部份的這些金屬管裡循環而達成。讓

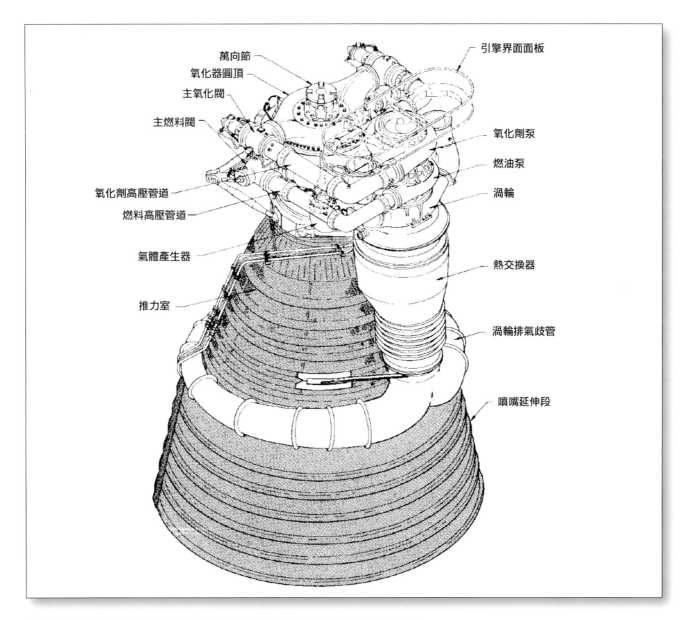

太空總署當時提供的 F-1 引擎示意圖。F-1 迄今仍然是所有打造過的單燃燒室火箭引擎中最強大的。

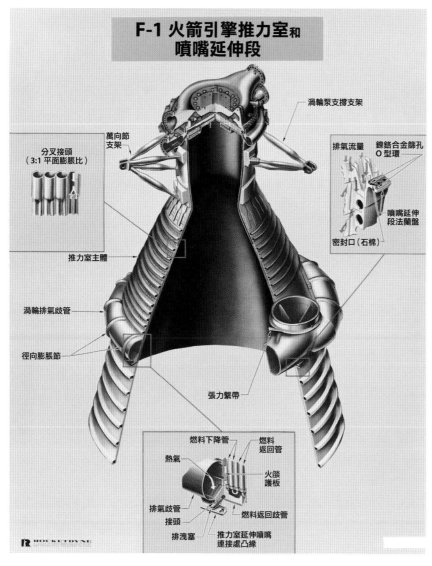

**F-1 火箭引擎推力室和噴嘴延伸段**

渦輪泵支撐支架

分叉接頭
（3:1 平面膨脹比）

萬向節支架

排氣流量

鎳鉻合金篩孔O型環

噴嘴延伸段法蘭盤

推力室主體

密封口（石棉）

渦輪排氣歧管

徑向膨脹節

張力繫帶

燃料下降管

燃料返回管

熱氣

火燄護板

排氣歧管接頭

燃料返回歧管

排洩塞

推力室延伸噴嘴連接處凸緣

ROCKETDYNE

洛克達公司當年 F-1 火箭噴嘴的結構圖。這巨型噴嘴的上半部是焊接的中空金屬管，做為燃料的精煉煤油 RP-1 被泵送進這些金屬管以冷卻噴嘴。它是高效工程的傑作，每個零件都是手工製作人工安裝。

具有爆炸性的液體在又紅又熱的火箭噴嘴裡面流動，看來似乎有悖常理，可是這正是這款高效設計的巧妙所在。此外，在農神 5 號基座那些用來讓火箭引擎旋動的大型平衡環（gimbals），它們的動力是由火箭燃料提供而不是用液壓油——大大減輕了重量——而那些巨型的渦輪泵軸承還用燃料潤滑。真是一舉數得、有效率的設計。

由於 F-1 引擎是將先前設計的火箭引擎按比例放大來做的，原本的小問題現在變成了大問題，原本在小尺寸時不成問題的設計現在都出現問題了。其中最顯著的問題是**燃燒不穩定**——當燃料在燃燒室（一個在噴嘴上方讓燃料在其中燃燒的空間）混合後，引爆性的混合物在爆炸時很

不均勻，導致早期有很多 F-1 引擎在測試期間發生爆炸的案例。在當時還是使用計算尺和鉛筆的時代，還沒有電腦模擬這回事，引擎的設計全都靠著經驗、測試結果，還有老式簡單的直覺——一種技術、工程和科學的融合，才得以完成。眼看著引擎一部接著一部不是自己震得粉碎就是直接爆炸，洛克達公司的工程師們努力嘗試各種不同的解決方案，去馴服這頭巨大的猛獸。

到最後，雖然還是不知道為何燃燒會不穩定，但是他們發現，它會引發音波嘎嘎作響，在燃燒室中每秒來回好幾千次，最後使測試中的引擎就碎得四分五裂。工程師們試著換掉噴射器盤，那是用來控制液態燃料噴灑進燃燒室的一塊大圓盤。這塊大圓盤上鑽了數千個小孔洞好用來把液體汽化，他們試著無數次挪移、加大、改變這些孔洞的方法，它們能讓爆炸性液體可以燃燒均勻。他們最後定案在噴射器盤背面上加裝小擋片以導正燃料汽化後噴霧的方向，終於扭轉局勢把問題解決了——到了西元 1965 年，F-1 火箭引擎已經準備好可以上太空了。

1959 年，F-1 引擎早期的測試都是在愛德華空軍基地進行。在接下來好幾年當中，F-1 引擎和它的渦輪機組件經常在試運轉期間不是自己震成碎片就是在測試時爆炸。

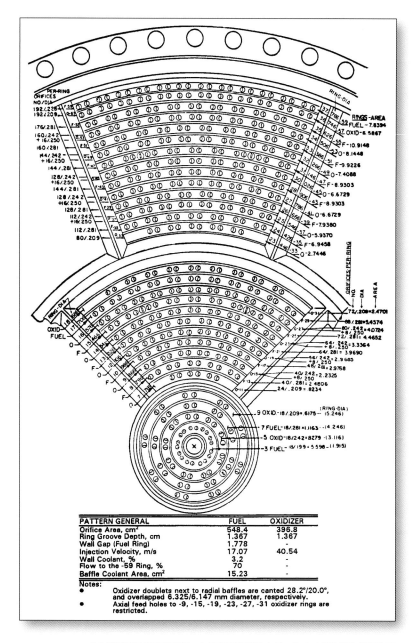

| PATTERN GENERAL | FUEL | OXIDIZER |
|---|---|---|
| Orifice Area, cm² | 548.4 | 396.8 |
| Ring Groove Depth, cm | 1.367 | 1.367 |
| Wall Gap (Fuel Ring) | 1.778 | - |
| Injection Velocity, m/s | 17.07 | 40.54 |
| Wall Coolant, % | 3.2 | - |
| Flow to the -59 Ring, % | 70 | - |
| Baffle Coolant Area, cm² | 15.23 | - |

Notes:
- Oxidizer doublets next to radial baffles are canted 28.2°/20.0°, and overlapped 6.325/6.147 mm diameter, respectively.
- Axial feed holes to -9, -15, -19, -23, -27, -31 oxidizer rings are restricted.

F-1 燃料噴射器盤示意圖。在引擎問題解決之前，許多噴射孔洞和擋板的配置組合都被拿來試用。圖中可見兩個相鄰的同心圓弧上都鑽有噴射孔，它們左右兩邊各有一個擋板。

## 第二節：不酷炫，但是很重要

第一節的引擎問題解決了，但是農神 5 號卻還沒有完全符合登月需求。第二節，S-II，是另一個挑戰。太空總署在選擇由位於加州當尼市（Downey）的北美航空公司建造 S-II 火箭之前，就已經先把打造第一節和第三節的合約給了製造廠商——也就是 S-I 和 S-IVB，這兩節的重量和規格都已經確定好了。再加上，阿波羅的指揮艙和服務艙以及登月小艇的重量也逐月在增加，如此一來，整體重量上就只能從火箭這方面來縮減了。S-II 首當其衝要承擔大部份的減重計劃，因此，這項設計工作變成了一場惡夢。

要把阿波羅太空船推進地球軌道，S-II 必須要支援並且引導安置在它底部五部較小的 J-2 引擎的力量，要避免這股力量把 S-II 推進到它上面負載的重物裡而把自己擠碎掉。如果可以不用考慮重量的話，這根本不是什麼大問題——只要把 S-II 整節外殼做得又厚又強固就好了。但由於不斷要求更大的重量縮減，工程師們必須想辦法打造出重量輕但是又無比強固的全新的一節火箭，結果他們還真是想出了幾個不錯的解決方法來。事實上，他們的設計必須從裡到外都要顧慮到，第一要務就是要能夠裝載並且控制好大量的火箭燃料可以供 S-II 的五部 J-2 引擎使用；J-2 引擎使用的燃料是液態氫和液態氧。

重啟一段美國航太工業廠商已經會使用低溫燃料好多年了，可是在 S-II 計劃正式開始時，他們還是覺得這些超冷液體真的是很難駕馭。將液態氫在華氏零下 423 度（攝氏零下二五三度；-253°C）及液態氧在華氏零下 297 度（攝氏零下一八三度；-183°C）保存，並儲放在極端輕量的燃料槽裡，這項工程技術還在嬰兒期。之前的技術，像是在擎天神火箭的那節人馬（Centaur）低溫火箭，它的設計是和主節火箭一樣都是「利用壓力達到穩定」的設計原理——在注入燃料或「灌入」氮氣後，長形不銹鋼槽才能支持自己本身重量。它在空槽時，會整個坍塌下來。但是這並不適合用在 S-II 這節火箭上——它必須非常強固才能執行其工作——因此就需要一個全新的設計。

S-II 的大小就像一個穀物圓倉，直立起來高度有 82 英尺，直徑 33 英尺（25 x 10 公尺）。農神 5 號的第一節火箭自 S-II 的底部用 750 萬磅（33,361kN）的推力推它，而 S-II 頭上頂著 35 萬磅（16 萬公斤）的第三節 S-IV 火箭和準備登月的阿波羅太空船。這是工程師們所受的條件限制，這就有點像是要在一顆雞蛋上平衡放置一顆保齡球，下方又有力道往上推擠它——這真是一項艱鉅的任務。

工作的第一步是設計出合用的燃料槽。傳統上，燃料

右圖：農神 5 號的第二節 S-II 正被懸吊起來要安置到試驗台上，地點在密西西比試驗基地（今日太空總署的斯坦尼斯太空中心）（Stennis Space Center），時間是西元 1965 年。

左中：這是 F-1 火箭引擎的噴射器盤。雖然它不是造成燃燒不穩定的起因，但最後靠它把問題解決。圖中央我們可以清楚看到它的擋板。

左下：圖中所見是實際的噴射孔，它跟設計原圖不一樣，看起來像是權宜調整後的結果。注意中右方只鑽了部份的孔——有人臨時改變了主意。

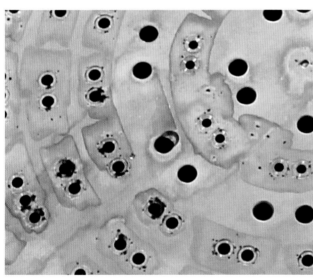

和氧化劑是分別存放在不同的圓柱形儲槽裡——精煉煤油或液態氫存放在一個槽裡，而液態氧則放在另一個槽裡。但是這種設計——用兩個不同的儲存槽，每個槽有各自的頂部和底部——重量會很重。這種方式可以用在神農 5 號的第一節，可是第二節 S-II 重量如此會太重，所以就行不通。於是工程師們想出以一個共用的槽壁（tank wall）將一個大儲存槽——基本就是整節火箭的體積——分隔成兩半，上面三分之二儲存液態氫，下面三分之一液態氧。這

樣，可以同時省下重量和空間，消除兩槽相接的下底和上蓋（端帽），把兩槽結合成一槽，這節火箭就可以變得短也輕一點。也就是說，「燃料槽」與火箭箭身不再是分開的二項——火箭外殼本身就是燃料槽。

對火箭設計者而言，這是個未知的領域——直徑 33 英尺（10 公尺）的 S-II 火箭是到目前為止企圖使用共同槽壁隔開不同低溫燃料的最大火箭。而且兩種燃料要保存在不同溫度下，兩者之間有華氏 126 度（攝氏 52 度）的溫差。它需要採用全新的絕緣技術以防止「較熱的」液態氧把比它冷得多的液態氫給煮沸。在這情況下，如果當真發生燃料損失，燃料長期儲存是絕對辦不到的。

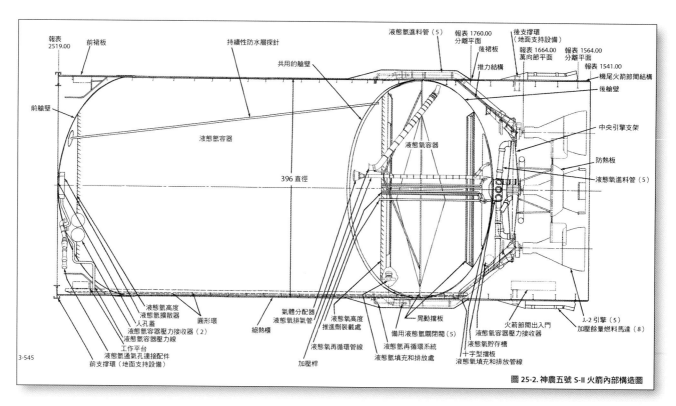

圖 25-2. 神農五號 S-II 火箭內部構造圖

農神 5 號 S-II 火箭結構示意圖。

　　解決之道——同樣的，從未這麼大規模嘗試過——是在兩片非常薄的鋁製圓頂形圓盤之間放置塑膠材質的蜂巢結構體。這種利用蜂巢結構體的作法，北美航空公司在幾年前首創出來應用在他們製造的 B-70 超音速轟炸機上，他們確信這項技術也適合用於農神 5 號，於是他們就在 S-II 上繼續設計和測試這個結構。

　　要製作出夾著蜂巢結構塑膠芯的圓頂狀片又是另一項挑戰——它們很薄，橫跨 33 英尺（10 公尺）。圓頂的製作是把鋁板切割成一片片圓餅的分切片（稱為**傘布幅**，呈狹長三角形；*gores*），每片比 16 英尺（5 公尺）稍微長一點，然後把它們焊接成兩個有 33 英尺（10 公尺）直徑的大圓盤。焊接好的圓盤必須做成圓頂型且夠強韌能做好它的工作，然而更複雜之處是，每片圓餅切片之厚度不是均一，它寬邊的厚度是 0.5 英寸（13 毫米），尖頂漸薄至只有 0.32 英寸（8 毫米）。要把這些傘布幅製成雙凸形狀，從頭到尾以及從這一邊到另一邊都要彎出弧度來，是沒辦法用傳統既有的方式製作出來的。工程師們盯著藍圖看了半天，他們了解到，就跟阿波羅一樣，根本就沒有任何機器可以**製造**出一部把這些傘布幅焊起來的機器。每項創新需求似乎都會帶來新的工程挑戰。把這個特殊難題解決的辦法，至少是個獨一無二的方法。

　　北美航空公司在美國海軍陸戰隊加州埃爾・托羅（El Toro）空軍基地找到一座可以儲存 60,000 加侖（22 萬 7 千公升）的儲水槽；自公司總部越過洛杉磯郡即到，他們就用這座儲水槽來製造那個新型奇特的火箭零件。工程師們在水槽的底部裝上一個與傘布幅鋁板完全同樣形狀及弧度的模具，然後把水注入，小心翼翼地將又薄又平的圓餅切片傘布幅鋁板沉到水底直到它浮在弧形模具之上。他們在它上方排列 Primacord® 一種軍方用來爆破牆壁或移除大樹時所使用的爆破繩。把該區域清空，經短暫的倒數計時後，導火繩被引爆——**一聲巨響！**——爆炸把金屬鋁板強制貼合到到模具上——幾乎完全貼合。每片傘衣幅製成的鋁板都要經過這樣的過程反覆三次，這才做出了儲存槽中可以分隔不同材質燃料的槽壁（intertank wall）。

　　工程師們把這些準確製作出來、擺起來搖搖晃晃的圓頂形薄片放進一個密封的乾的儲存槽中，然後從它們下方充氣，如此可以讓它們在焊接時能保持住它們的形狀。製作者要把它們焊接成上下兩塊圓盤，在它們中間要夾著蜂窩結構的塑料芯。一般說來，鋁的焊接，就算在最好的情

況下也是很難掌握，現在卻要焊接這麼薄又這麼大塊的鋁板，他們在焊接第一批鋁板時，傘衣幅發生變形的狀況。於是他們又回頭去利用儲水槽，經過多次爆炸又耗損許多鋁板之後，新的一批傘衣幅終於製造出來了。原來是工程師們又把它們放在乾的儲水槽裡，從下方充氣，再次嘗試把它們成功焊接在一起。焊接動作必須做到完美。我們又再一次了解到，有些事光靠傳統做法是辦不到的。

聰明的技師們另外巧妙設計出一款新的機器可以在焊接時沿著接縫緩緩操作——這是他們所能想得到的可以把這些傘衣幅的接縫焊接到一致又完美的唯一辦法。經過了好幾次嘗試都碰壁之後，技師們終於成功了。他們在 S-II 火箭身上整個槽壁周圍都塗上絕緣材料，在火箭上頭和底部都加了圓頂壓力罩（pressure dome）；五部 J-2 引擎就安裝在底部圓頂壓力罩底下。他們最後終於製造出重量極輕

又非常強固的第二節火箭了。

第三節火箭是用類似方式打造但是規模變得較小——神農 5 號火箭在距離頂端 22 英尺（6.7 公尺）處逐漸變細成為錐型。雖然它是第三節，也是最後一節火箭，可是它被稱為神農 4 號第二型火箭，S-IVB，因為它是按照自神農 1 號火箭開發以來的編號順序（它之前被規劃為是 C-4 火箭的第四節火箭，但是農神 C-4 火箭從未建）。S-IVB 其實是農神 5 號火箭最早訂約的，從西元 1960 年就開始建造了。它安裝了一部 J-2 引擎，跟 S-II 節燃燒同樣的混合燃料，也是使用共同槽間壁，類似 S-II 節的設計。S-IVB 是訂約給道格拉斯飛機公司建造的（後來的麥克唐納・道格拉斯航太公司），他們也遇上了同樣的問題，但是問題的規模比較小。這節火箭倒是有一個自己獨特的問題，問題不在道格拉斯飛機公司身上，而是火箭引擎出了問題，它的引擎，

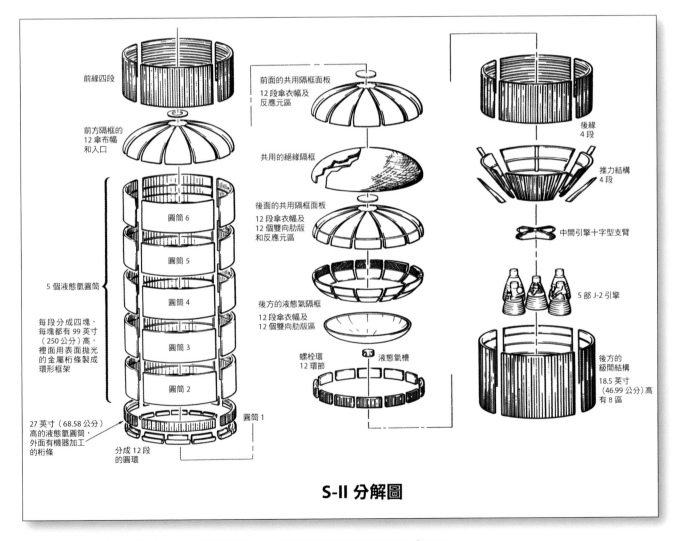

**S-II 分解圖**

神農 5 號 S-II 火箭分解示意圖。在圖中上方可以看到那讓北美航空公司工程師惡夢連連的棘手的「傘衣幅」。

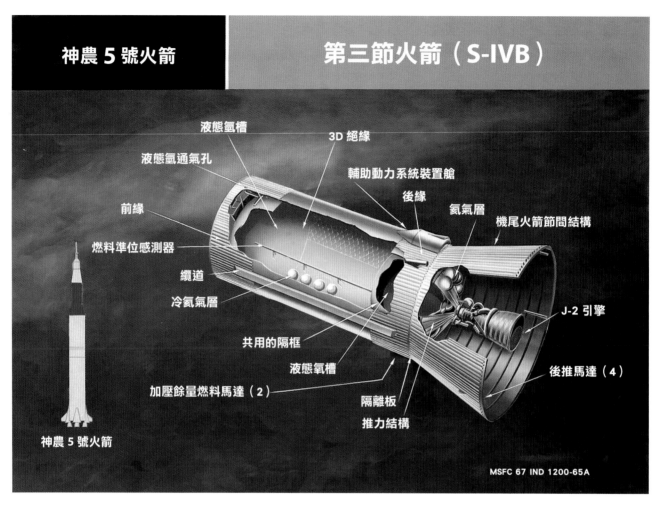

## 神農 5 號火箭　　第三節火箭（S-IVB）

液態氫槽
3D 絕緣
液態氫通氣孔
輔助動力系統裝置艙
後緣
前緣
氦氣層
機尾火箭節間結構
燃料準位感測器
纜道
冷氦氣層
J-2 引擎
共用的隔框
液態氧槽
加壓餘量燃料馬達（2）
後推馬達（4）
隔離板
推力結構

神農 5 號火箭

MSFC 67 IND 1200-65A

神農 5 號火箭的第三節火箭，S-IVB 火箭。這節火箭其實是神農 5 號最早開發完成的火箭節，它原本預定要放在神農一號火箭上使用的。

跟 S-II 火箭一樣，都是洛克達公司製造的。這部引擎必須能在太空中再次點燃才行，這就是問題所在。之前使用這種特種燃料而能再次點燃的引擎就只有 RL-10，它是 J-2 的前身。開發 RL-10 引擎一直以來都是個考驗，而且它的推力只有 J-2 火箭的十分之一。再者，RL-10 引擎是到了西元 1963 年才成功升空，所以，當在打造 J-2 火箭的時候，RL-10 引擎背後的工程技術其實還沒有完全成熟。這又是一項新的領域。

引擎運轉的時間也是個問題。讀者應還記得第一節 F-1 引擎燃燒時間低於三分鐘時間。第二節 S-II 的五部 J-2 引擎可以燃燒六分鐘。第三節 S-IVB 的 J-2 引擎要燃燒二分鐘把阿波羅太空船送上地球軌道。之後它還要再一次點火燃燒六分半鐘讓太空船脫離地球軌道，把它推上月球軌道。在當時，對一部大型火箭引擎而言，六分鐘就已經算是功德圓滿了。因此，當下最重要的事就是要把 J-2 引擎一直測

試到可以達到並超速所要求的時間長度。西元 1960 年的第一次測試算是圓滿成功，那是在洛克達公司南加州的試驗場進行的測試，當時它燃燒了四分鐘。合約廠商於是在西元 1963 年開始製造 J-2 引擎，一年後，1964 年下半年，它已經可以燃燒七分鐘了。這些再加上其它的一些測試都顯示這些引擎都已值得信賴，它們已經可以勝任它們的任務了。到了西元 1966 年，太空總署十分相信這款引擎，一口氣訂購了一百五十五部 J-2 火箭引擎。

接下來的一步就是要測試並且確認 J-2 引擎是否能在飛上地球軌道三個小時之後再度點火，這是阿波羅任務從發射，到了離開地球軌道前往月球的間隔時間。阿波羅太空船需要在次軌道中繞行數次，才能適當地對準以進行跨月推進操作（trans-lunar injection；縮寫為 TLI），脫離地球軌道，前往月球。首先，這需要加入數個氦氣壓力罐——氦氣會將燃料推送到渦輪並進到燃燒室，因為在此時液態

氫和液態氧會在各自的儲槽中浮動，這些冷凍液態燃料球必須往下壓到引擎裡。為了進一步協助，S-IVB 外殼上附加了一些小型火箭——所謂的**餘量馬達**（ullage motors）——先以低速推著 S-IVB 火箭緩緩前進，使液態燃料下降到渦輪入口。工程師們利用當時簡陋的電腦做過許多測試和改型，結果很成功，他們確認這款火箭引擎可以在太空中重新點燃，J-2 引擎終於準備好可以出發了。

農神 5 號上還有其它數百個的系統和子系統需要注意，其中最重要的要屬火箭導引電腦了。阿波羅太空船的指揮艙和登月小艇上都有自己的指引和導航電腦，農神火箭理所當然也要有自己單獨的一套電腦以確保能成功升上地球軌道，再交由其它電腦接手。

農神 5 號上的這套大型導引電腦安裝在儀器單元（Instrument Unit）裡，它由許多金屬盒子組成，裡面全是電子元件，排列在 S-IVB 節頂端的一個節間環（interstaging ring）上，與指揮艙的電腦是完全分開。即使在其它電腦都故障的情況下——阿波羅 12 號就發生了這情形，它在發射升空時，農神 5 號被閃電擊中，指揮艙的電腦曾短暫當機——單獨靠這套導引電腦也還是可以讓火箭成功飛上地球軌道。

農神 5 號的儀器單元裡有一台基本的數位電腦，有幾個類比飛行控制系統，有硬體可以檢測火箭系統發生的緊急情況，還有全套的陀螺儀（gyroscopes）和加速度偵側器（acceleration detectors）可以讓火箭知道自己身在何處，正往那個方向飛，還有應該指向那裡以達目的地。有些政府會計人員認為這套儀器單元根本是多餘的，可是當遇上阿波羅 12 號當機事件，儀器單元的付出就值回票價了。當時阿波羅 12 號的指揮艙突然瞬間失靈，唯一使組員免於放棄任務的救星——放棄可能會使組員嚴重受傷——就是農神 5 號自己還能維持飛航，直到太空人把電路問題修好。

上述的農神 5 號系統，還有它其它大大小小無數的系統，都是在西元 1960 年代初期設計出來，經過多次的測試，改進，再測試，直到西元 1967 年 11 月這枚火箭才做了第一次未載人的試飛。這次試飛，稱為阿波羅 4 號任務，它沒有採用馮．布朗慣用的逐項系列方式做試飛。傳統上的試飛，每次都要在火箭上層的一節或多節裡裝入非活性的慣性質量——通常是水——用以模擬裝滿燃料的火箭，用這種方式，每一節可逐步測試，缺陷和錯誤能逐節找出。這是德國人的做事方法。可是喬治．穆勒（George Mueller），當時阿波羅計劃裡的資深工程師，認為這樣既浪費時間又浪費金錢，他主張太空總署應該要做「全能」

洛克達公司正在點火試驗他們所製造的 J-2 上層火箭引擎；這款火箭引擎使用液態氫－液態氧做燃料，有再度點火功能。

測試（all-up testing）——就是使用真實燃料來做一次火箭的全盤檢測。這顯然就是美國人的做事風格。他指出，美國空軍就是用這種方式成功製造出義勇兵洲際彈道飛彈（the Minuteman ICBM）。歷經馮．布朗和他的一群工程師的反對無效後，喬治．穆勒占了上風。他把至少四次的農神 5 號試飛集中於一次。阿波羅 4 號試飛成功，大大鼓舞了人心士氣。阿波羅 4 號在飛上地球軌道時，每一節火箭都運作正常，第三節 S-IVB 引擎火箭也能再度點火，它將無人的阿波羅太空艙再往上衝到了 9000 英里（14500 公里）高的地球軌道上。這艘無人的太空艙隨即被強制以超過正常從月球返回地球所承受的高速重返地球大氣層，為

圖中的儀器單元（Instrument Unit）是農神 5 號電腦化的大腦，它是 IBM（國際商業機器股份有限公司；
International Business Machines Corporation）製造的，使農神 5 號可以飛上地球軌道。

好像快要震碎了，他們伸出雙手扶住震個不停的玻璃窗。克朗凱則對著窗外傳來如雷般的轟隆聲大聲喊叫，「我們用手穩住它了！瞧那火箭衝上雲霄 3000 英尺（900 公里）！……你看……你看……噢，這隆隆吼聲，真是太棒了！」[21]

　　農神 5 號已經準備好要執行登月任務。現在就等其它的計畫進度追趕上來了。

的是要徹底檢測它的防熱盾。現在，農神 5 號就只要再做一次試飛，它就要在西元一九六八年執行阿波羅 8 號載著太空人飛上月球軌道的任務了。神農 5 號的開發過程創下了火箭發展史上最成功、最有效率的紀錄。

### 這隆隆吼聲，真是太棒了！

阿波羅 4 號試飛時，哥倫比亞電視廣播公司的新聞主播華特‧克朗凱他人正好在卡納維爾角。他是支持登月計劃的狂熱之士，這次試飛之前的好幾次的試飛他均在場，包括較小型的農神 1 號 B 型（Saturn IB）。但是，他並未料到農神 5 號發射時的烈焰和怒吼，他當時坐哥倫比亞電視新聞觀測中心裡，其位置可能有比以往更靠近發射台，他先是敬畏地看著它，接著漸漸感到不安起來，當火箭升空，五部 F-1 引擎發出的聲波震盪轟然撞進整棟大樓裡。

　　「我們這裡整棟大樓都在搖晃……。整棟樓都在搖晃！」滿心擔憂的克朗凱和一位技術人員衝到大樓窗戶邊，玻璃窗受到火箭持續的怒吼，在窗框中劇烈地嘎嘎作響，

無人的阿波羅 4 號太空船升空畫面；這是農神 5 號火箭首度進行試飛。

第 7 章

# 登月機器二：
# 登月小艇

「你飛得真好，老鷹號，只不過，你頭下腳上倒著飛了。」

——麥可‧柯林斯在登月小艇脫離指揮艙後所觀看到的景象

阿波羅登月小艇（Lunar Module；簡寫為 LM）的任務很單純，它就是只為了登陸月球而設計出來的太空船。它的空間剛好足夠載兩個太空人，它有足夠的動力把他們送上月球表面，又足夠強固到把他們從月球表面送回月球軌道。它只攜帶剛好夠用的生存必須品（有稍微多一點備用），也只帶了剛好夠他們完成任務的工具和物品。

關於登月小艇，設計師最大的考量就在於它的重量。由於登月小艇的任務就是把太空人安全地送到月球表面，然後再把他們送回月球軌道，所以它的重量要盡可能的輕。它每多一盎司的重量，升空時就要多費燃料。在太空總署下達這番命令之後，設計師們從第一天開始就拼命努力要讓他們的登月小艇保持輕盈。

最後的設計簡直太過輕盈，反而有點嚇人的脆弱。它裝滿燃料的總重量雖然有 33,000 磅重（15000 公斤），可是以它的大小而言已是做得非常輕巧。登月小艇的高度為 23 英尺（7 公尺），把登陸腳架都算進去的寬度是

31 英尺（9.5 公尺）。它有 235 立方英尺（6.5 立方公尺）的加壓艙來裝載太空組員。它有一具火箭引擎讓它能降落到月球表面，還有另外一具較小的引擎讓它能從月球表面飛回到月球軌道。兩位太空人在月球上要待上二十二小時，再加上登陸前和返回軌道後前後所需的準備時間，登月小艇必須攜帶足夠的燃料供這兩具火箭引擎運轉，還要裝得下上述時間內兩位太空人所用得到的工具、生活用品和一切裝備（後來的登月小艇可以攜帶較多的消耗品因而可以在月球上停留較長的時間）。當然還需要帶額外安全備品，結果又多了不少東西和重量。登月小艇的動力來源是電池，它不像指揮艙用的是燃料電池，這些電池是也相當的重。登月小艇上要有雷達、無線電、電腦和其它各種設備，這些設備可不像我們今日一般所見的小巧玲瓏，它們的機型很大，滿滿的都是零件和電

前頁：1969 年 7 月 20 日，阿波羅 11 號的登月小艇老鷹號，登月小艇第 5 號，正準備進行歷史性的任務降落到月球表面。

線，是老式的電子產品——當年在設計登月小艇時，電子類電器還在使用真空管，不像我們現在用的都是電子晶片。除了這些電子設備，登月小艇裡還需要有水、供飲用及電子設備的冷卻、食物、照相機、電視攝影機、影片攝影機、月表實驗儀器、岩錘、太空漫步衣、維生背包，還有其它好幾百件大大小小的東西，重量就不斷快速地往上增加。

　　若要講述這艘獨一無二的太空機器是如何創造出來的，那可是複雜得很，但如果只是略述個大致框架倒還算是相對簡單。這就要從西元 1962 年說起，當時太空總署召集美國航太工業廠商來競標製造一款新式月球登陸器（lunar lander）。沒有人知道這玩意兒該長什麼樣子，甚至很少有人清楚它該有什麼規格或什麼限制。當時有很多的未知數；登月計劃要採用在月球軌道會合的方式是前一年七月才正式決定的。最後有九家公司進入競標程序，太空總署只花了兩個月就決定交給格魯曼航空飛行器工程公司製作。在太空競爭時代裡一切事情都要步伐緊湊。

## 「格魯曼人」

「格魯曼人」，格魯曼公司的員工時常這麼稱呼自己，他們因為公司拿到這份合約而歡欣鼓舞；十八個月後，很多人寧願當初沒有聽到登月小艇這名字。至少我們可以這麼說，要建造這部前所未有的機器，對工程師而言，這是很大的挑戰，它的設計很艱鉅，建造更艱鉅。

　　其它公司也拿到製造登月小艇的附屬設備合約。航太界的巨擘湯普森・拉莫・伍爾德里奇公司（Thompson Ramo Wooldridge；縮寫為 TRW）要製造它的下降段引擎；貝爾航空系統公司（Bell Aerosystems）要製造它的上升段引擎；雷神公司（Raytheon）設計它的導航電腦；漢密爾頓標準公司（Hamilton Standard）打造它的維生系統；麻省理工學院（MIT）電腦實驗室設計登陸軟體。格魯曼公司負責打造登月小艇本身，然後把所有附屬設備整合到小艇身上——任何一個環節出錯都將導致兩位太空人殞命，不是在月球就是月球軌道上。

　　合約確定了之後，工作隨即立刻展開。當時幫格魯曼公司準備投標的登月小艇模型相當簡單——它就只是一個

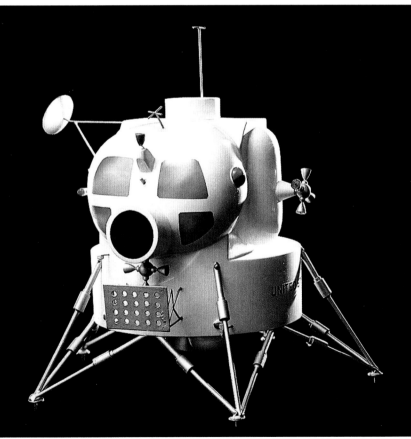

上圖：目前所知最早的阿波羅登月小艇模型，它用木頭刻成，加上用金屬迴紋針做成登陸腳架。

下圖：工程師們在最初幾個月所設計出來的登月小艇模型。這種疊床架屋的結構方式在不久之後就因為減重要求而做了修正。

一個早期設計的登月小艇在月球表面略帶夢幻的鏡頭。

小型木雕的模型，前端有個凸出的木梢代表是艙口，底座插著五根迴紋針代表是登陸腳架。這簡樸的開始爾後變成不可思議複雜的機器，工程師們還有漫長的一段路要走。

幾個月後，初步設計出的模樣是一個白色卵形的船員艙配上一節圓筒狀的登陸節段。小艇上有很多扇窗，還有五根登陸腳架。不久之後，窗戶只留下兩扇，其餘都拿掉了，登陸腳架也少了一根——這樣的更動純粹就是因為原始設計的機器做出來會太重。

在格魯曼公司開始動工製造登月小艇時，大多數的其它組件不是已經發包製造至少也是已經開始設計了。這表示，格魯曼公司實際上能用來製造登月小艇的重量就是其它組件占用之後剩下來的重量——因為農神5號火箭能負荷的重量是有限制的。從來沒有人製作過像登月小艇那樣

要在那麼遙遠的地方使用的機器，重量上的限制就特別具有挑戰性，畢竟這群要做出登月小艇的工程師都是在未知的領域中摸索。一年以前，根本沒有人想到要打造一台這麼專的登月小艇——原來的計劃是要讓整艘阿波羅太空船直接登陸到月球上，再讓它整艘從月球回到地球來。這個能分開、可丟棄登陸飛行器的想法是嶄新……且令人生畏。

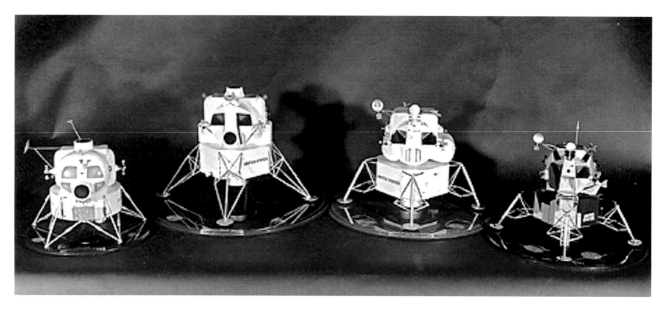

上圖：登月小艇開發設計演變的過程可由此圖快速展示出來。最左邊的是西元 1961 年最早的型式，到了最右邊是 1964 年最後完成的版本。我們看到它的設計在很短時間內就發生了大幅的變化。

右圖：這是一張緊急艙外逃生演練示意圖——圖中有一位太空人從下方登月小艇的艙口爬出，經過太空，再從上方艙口進到指揮艙裡面——我們在這裡看到登月小艇和指揮艙幾乎是同樣大小。但是它們兩者的質量和結構配置其實是完全不同的。

## 登月小艇之父

湯姆・凱利（Tom Kelly）領導大家在格魯曼公司裡建造登月小艇，他在各方面都展現他是一位有遠見的人。凱利當時的年紀才三十出頭，底下大約有七千名的工程師、技師和技工跟著他做事；登月小艇能夠否成功，凱利要負最大責任。凱利跟格魯曼公司的關係從西元 1946 年他唸大學時候開始，當時他拿到格魯曼公司的獎學金。西元 1951 年，凱利進入格魯曼公司工作，參與了飛彈計劃，之後，除了他在 1950 年下半年到空軍服役（他大學時參加了美國預備軍官訓練團，Reserve Officers' Training Corps, 即 ROTC），及很短暫一段時間到洛克希德公司（Lockheed）工作，凱利這輩子都在格魯曼公司。

在太空總署最後定案前，凱利一直相信月球軌道會合法，所以，在格魯曼公司拿到合約時，他們早已經朝這個假設目標工作一段時日了。為了要參加月球軌道會合投標建立模型，所累積的知識，使格魯曼公司得以向太空總署提出既完備又詳盡的建議書，據說這是格拉曼公司能成功的重要原因。[22]

「指揮艙完全是為了在重返地球時能順利穿過大氣

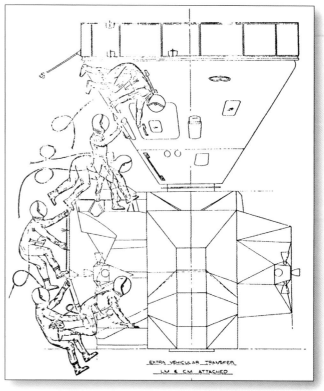

層，所以它的結構必須厚實緻密，從空氣動力學的流線型，」凱利事後談起這段歷史。登月小艇正好相反，它的任務不同。「它〔必須〕要能降落到月球上，要在太空裡和月球表面那種完全開闊的環境下操作它。到最後它就變成細長、瘦小又輕盈的飛行器，跟指揮艙是完全不同的屬性。」他又說道，「我們完全沒有前例可循，沒有任何指引，也沒有任何包袱。」[23]

從這張甘迺迪總統站在早期登月小艇實物模型前的照片就可以看出登月小艇的設計從起初到最後的變化有多大。

　　凱利遇到的其中一項挑戰是格魯曼公司本身。格魯曼公司主要是一家飛機製造商，它以製造小型客機和在二次世界大戰期間製造了厲害的戰鬥機聞名，後來又為美國空軍製造噴射戰鬥機。尼爾・阿姆斯壯就飛過格魯曼 F9F 黑豹戰鬥機參加過韓戰。但是，建造登月小艇跟製造噴射機不同——一份噴射戰鬥機合約可能就是上千架戰鬥機的訂單，登月小艇的訂單只有十五艘。從公司觀點來看，打造登月小艇完全不符經濟效益。

　　另外還有一件小小遺憾，雖然事情不大，但是影響頗深。很多跟著凱利工作的工程師是專業的**飛機**設計師，可是登月小艇完全不同於一般飛機；登月小艇是永遠不會飛在大氣層裡的。因此，不只一位資深工程師曾經看著登月小艇的藍圖，嘴裡說著大致類似的意思，「這是個什麼玩

意兒啊！瞧它東凸一塊、西凸一塊，這一定會搞砸的。」顯然，凱利要費一番唇舌進行說服工作，還要決定棘手的人事問題。為此，凱利必須使出渾身解數，用盡所有的管理技巧，而且，這種情況會一直持續到整個計劃結束。他必須要有突破傳統的思維才行。

　　「在簡化這些系統的過程中，我們了解有些基本的東西一直以來都習慣採用，但其實它們不見得是必要的，就好比對稱（symmetry）這件事，」凱利舉例說，「我們發現，當初在上升艙上面設計了四個推進劑儲存槽，因為這樣才是對稱的配置。然後我們想說，『哎呀，根本不用講求對不對稱啊。』……〔到〕最後它就變成好像在臉的一邊長了豬頭皮（腮腺炎）一樣。」[24]

　　這群工程師裡還有些人說出了另一項令人擔憂的事，

一件遠勝過有人批評登月小艇看起來很笨拙的事。我們知道，噴射飛機會有一系列的測試規定——它會有超過數百小時的試飛，想盡辦法去挑出設計上的毛病。飛機造好後，開始還用不著做到完美程度；因為會有一套適當的測試計劃可以把它修改到完善。反觀登月小艇，它在實際登陸月球以前就只有幾小時的載人飛行測試。再加上所有重要的系統都必須要完全正常運作——不是八成，也不能是九成，而是要**百分之百完全正常運作**——由此可知為何參與登月小艇計劃造成許多人有消化不良和心律不整的毛病。

## 登月小艇的減重計劃

開發中期的登月小艇。圖中地點是在格魯曼公司位於紐約長島貝絲佩奇廠的廠房中。

登月小艇的基本設計定案後，馬上要做的就是減重工作。格魯曼團隊努力以磅，然後以盎司，最後以毫克來計能減去的重量。第一階段的減重目標明顯可見。還記得在它的原型設計上有許多大型窗戶，那些窗戶都太重——它們是用好幾層的強化玻璃加上複雜的黏合技術做出來的，所以每一平方英寸的玻璃重量就迅速累加上來。等到工程師最後完工時，四扇複雜的弧面大窗改成了兩扇小窗，另外在艙頂加了一扇很小的對接窗。這省下很多重量，但是離目標還差得遠。

接下來接受檢討的是座椅。有位工程師建議，太空人在月球附近時只有六分之一重力，他們可以不需要座椅；他們在降落和離開月球表面時可以站在登月小艇裡。這個建議在窗戶的設計修改後變得更加可行——新設計的小角窗更能方便太空人在往下看時可以站得更貼近窗邊。所以，他們把座椅移出了登月小艇，這又省下了許多重量。

然後他們把腦筋動到登月小艇的整體結構上。登月小艇上層是加壓艙，它需要有一定的內在強度。但是小艇的底層——八角形結構體上安裝有下降引擎、燃料箱和登陸腳架——那就是另外一回事了。工程師們再次展現他們擺脫傳統思維的作法，他們把下降艙四周的金屬板換成一片由好幾層凱通耐熱塑膠膜（Kapton®，一種美拉聚酯樹脂 Mylar®）製成的氈布子，再加上其它的薄膜和織物，它產生了比鋁板更好的熱防護效果，甚至還是很好的微隕石防護罩。如此一來又省下好幾磅的重量。

他們接著又檢討了好幾百件其它的零件。登月小艇的加壓艙，如果照建造太空艙的方式製作的話，它會太超重。於是格魯曼的工程師們把打造艙身的金屬變薄，薄到危險的程度，然後再慢慢加厚到剛好可以執行工作。結果艙身上許多地方就只有跟汽水罐一樣的厚度，還有一些地方只比

上圖：最後造出來的登月小艇十分輕量——它是在機能決定形式下製作出來的產品。

下圖：圖中所見是貼在登月小艇上段背後的薄板，它們在結構上雖然不是很重要，但是它們能保護船員艙背後的精密電子零件和作業系統。這張照片是在登陸後拍攝的，由照片中可看出這些面板都十分單薄。

三層的鋁箔稍微厚一些。在地球上，一把螺絲起子掉下來好像就會把它戳破。太空人們發誓說他們看到機艙在加壓時向外鼓了起來，所以他們稱登月小艇為「鋁製的氣球」。他們說得也沒錯。

輕量是成功的關鍵。且看改變幾個變數以後會引起什麼後果：登月小艇每增加一點重量就必須要加大燃料箱，加大燃料箱就會讓太空艙變得更重，太空艙變得更重就必須要更大的燃料箱，依此類推。事實上就是，登月小艇上每增加一磅的物品，農神五號上就要增加三磅的燃料負擔。情況很快就變成一個惡性循環——這計劃很快就有如把一支鉛筆同時從兩頭把它削尖，削到最後卻沒有筆可以寫字了。

登月小艇的外殼和機身上的每一個部位都被考慮過了，盡量用最薄的材料，只要能把登月小艇組裝起來就好。到最後，這些部件都做到了，但比該減輕的僅多一點點。

在十八個月全力開發登月小艇期間，工程圖和示意圖大概就有五萬張。工程進行當中，太空總署的檢查人員來了。太空總署的檢查員對所有阿波羅計劃的承包廠商都要進行監督；對格魯曼這樣的小公司而言，有太空總署的人來總是特別引人注目。下面的例子可以顯示太空總署檢查人員講求細節的監督是如何進行的：

檢查員：「請把編號 PN AN 269972 的支架夾放到編號 PN LDW 390-22173-3 的水管上，請按照草圖上畫的位置放……。」

〔檢查員指著草圖對技師說。〕

技師：「好的，零件編號 PN AN 269972 的支架夾已經放到編號 PN LDW 390-22173-3 的水管上了。」

檢查員：「請確認支架夾上的橡皮套圈確實放在正確的位置上，且金屬不能碰到管路。」

〔兩人同時看了一下，確認如此做到。〕

技師：「好了，橡皮套圈確實放在支架夾正確的位置上，沒有金屬會碰得到。」

檢查員：「請把支架夾上的孔洞對準結構圖編號 PN LDW 270-13994-I 上面的孔洞。」[25]

然後他們把所有東西一遍又一遍地檢查確認。

這就是他們做事的方式，也是成功得以確保的重要部份。

到了西元 1965 年年底，登月小艇的主要組件陸續到齊了，但是重量的問題依然存在。前面的工程師們把簡單的工作做完交差了，現在減重工作，進入錙銖必較的程度。

圖中照片是阿波羅 16 號登月小艇的上升艙。它在從月球起飛時受到損壞。

凱利很清楚多出來的幾磅會讓登月小艇前功盡棄,為了減去超重部份,他昭告全公司懸賞減重辦法。當時實施了兩種辦法——一種叫刮去法（Scrape）,另一種叫超重改善計劃（Super Weight Improvement Program,簡寫為 SWIP）。格魯曼的員工只要能想出減省一盎司的辦法,凱利就給他獎金。這辦法適用於格魯曼全體員工——不論是清潔工、駐衛警或秘書,只要能想出減重辦法,就會獲得現金獎勵。減一磅就有獎金一萬元美金（西元一九六〇年代的幣值）,在這樣的重金懸賞下,數字很快就累計上來了。最後,大家總共幫登月小艇減去了 2,500 磅（1135 公斤）——重量正好,時間也正好,他們趕上了最後交貨期限。

## 注意細節,仔細再仔細

他們把登月小艇上的每一個零件都用新的檢驗方法再檢測,就這樣持續進行到西元 1969 年。太空艇上的每片板

子、起落架、出入艙口和天線——幾乎結構上的每個部分都一再檢驗過。甚至連最小的零件都要在工場裡把它們打磨直到它們在拴緊東西的承壓不會斷掉,機械工人會重製零件,再少磨一點,然後重複整個過程,一直做到確認這個零件剛好夠強為止。工程師們甚至使用「化學研磨」的方法以減去一微克（$\mu$g）的重量,把零件浸到化學槽裡只稍微侵蝕一些。

甚至連輸送燃料到操控推進器裡的小型輸送管也要檢討。他們把輸送管的厚度變薄,幾個接頭處也變得更輕些。可是,工程師們後來發現,這些管子在裝了小型操控推進器使用的腐蝕性燃料一段時間後,在管路接頭處,甚至在管路本身,竟然有危險性燃料滴漏出來,它會滴到——並且會損壞——其它零組件。直到預定發射升空的前幾天,都還可以看到格魯曼的工程師們還在拼命找出系統中針孔大小的漏洞並且修補它們,他們非常小心地把極小的金屬

環焊接到這些脆弱的管路上。他們也發現，用來清洗剛剛製造好的零件所使用的洗滌劑，即便只是非常微量的洗滌劑殘留物，也會把問題變得更加嚴重。這些工作就像是沒完沒了的循環。

隨著登月小艇的減重工作持續進行著，登月小艇也處處顯現出它的完全可靠性設計。一切都要能夠防呆，以確保萬無一失。在太空人準備降落到月球表面時，他們要能夠調節下降艙引擎的推力，儀表板上的數據要能反應下降艙在整個著陸過程中以及著陸之後的所有狀況。但是，要如何確保登月小艇的上升艙和下降艙這二太空艙間的連結安全無虞呢？當時有個現成的辦法，那是幾年前在別的太空船上已經用過的，就是設計一個既可靠又可以分開的接頭，安裝在上升艙和下降艙相接的地方。以這樣的方式，當上升艙按下點火按鈕時，兩艙的接頭就會分開，上層艙就轟然朝著月球軌道飛去。不過，這也意味著，接頭有可能會因短路而故障，或者，登月小艇可能會發生扭轉或是劇烈震動以致接頭鬆開——乘著農神五號飛上太空軌道可不是一趟平穩的旅程。接頭和連結器都有可能會發生故障，一定要另外想出更好的辦法來。

辦法很簡單，但是做起來不容易。上升艙和下降艙之間的電線束大約有 4 英寸（10 公分）直徑，線路是從上升艙連通到下降艙。技術人員會用同一線路在兩個太空艙的各個組件之間佈線——例如，某一條焊接在下降艙溫度感測器上的線路，它會自登陸艙的接點，一路暢行到上升艙，儀表板上的計量表。登月小艇裡像這樣的線路有數百條之多。

在上升和下降兩艙之間，凡是有電線束從這一艙穿到那一艙的接點，在電線束的兩頭都有鋒利而厚實的刀片包圍，背後裝著炸藥，另外還有其它炸藥會在兩艙分離前切斷線路裡的電流；最後還有四處炸藥會把拴住兩艙的螺栓

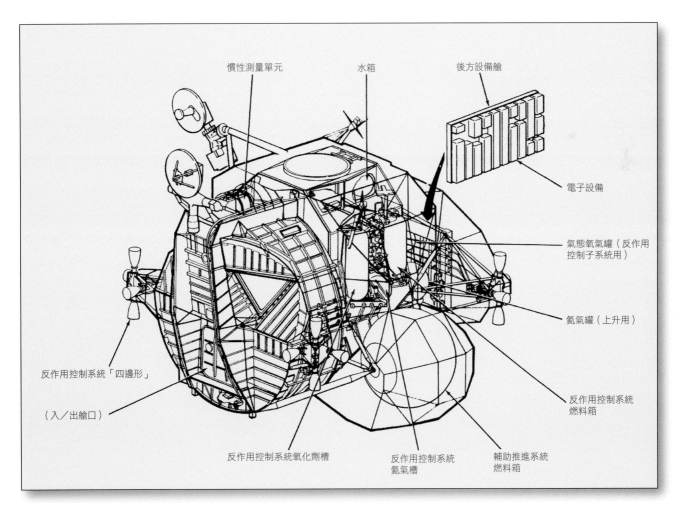

慣性測量單元　　　　　　　　水箱　　　　　　　後方設備艙

電子設備

氣態氧氣罐（反作用控制子系統用）

氦氣罐（上升用）

反作用控制系統「四邊形」

（入／出艙口）

反作用控制系統氧化劑槽　　　反作用控制系統氦氣槽　　輔助推進系統燃料箱

反作用控制系統燃料箱

此為登月小艇上升艙示意圖，圖中可見這機器完全就是以實用為主——它艙內只容得下兩位太空人和必要的設備。加壓艙外，薄薄的鋁板上加了一條一條的金屬條，有如肋骨一般，這被認為是可以增加鋁板的堅固度。

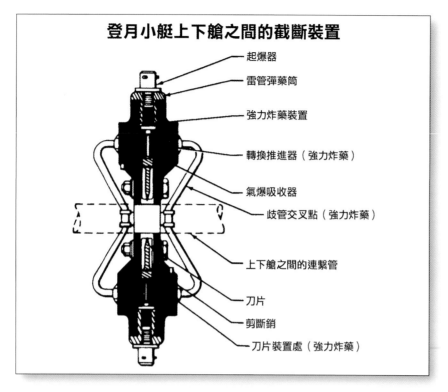

## 登月小艇上下艙之間的截斷裝置

- 起爆器
- 雷管彈藥筒
- 強力炸藥裝置
- 轉換推進器（強力炸藥）
- 氣爆吸收器
- 歧管交叉點（強力炸藥）
- 上下艙之間的連繫管
- 刀片
- 剪斷銷
- 刀片裝置處（強力炸藥）

登月小艇上的爆炸截斷器；點火時，它會炸開，把連接在上升艙和下降艙之間的電線束切成兩半。

焚膏繼晷，夜以繼日，格魯曼員工們不停加班趕工、取消假日，他們的壓力極大，甚至有人做到身心俱疲。凱利為此設立了一間他稱之為「魅力學校」（Charm School）的機構，以評估員工們的體能狀態和承受長時間工作壓力的適性，以此幫助他們調適自己或是轉調去壓力比較小的工作單位。除此之外，凱利自己也花越來越多的時間在工作現場，他一方面想找出問題，解決問題，一方面也花心思照顧好他的員工。

幾個月過去，折磨人的時刻表一刻也沒放緩。問題不停地發生，但是立刻就被快狠準地解決掉，就這樣一直持續到西元 1969 年初，格魯曼終於交出一部性能很棒、可以飛上月球的登月小艇。至於這個計劃所花費的成本——金錢加上勞力——會讓人瞠目結舌，但是，畢竟它在最後倒數時刻交出了成果。後來，登月小艇執行了

切開。因此，當要離開月球的時候，所有這些炸藥都小心算好時間、以千分之一秒時間錯開，依序引爆，送太空人們飛上月球軌道與等候他們的指揮艙會合，然後展開返家旅程。

電線本身又是另一個要考慮的問題——銅線很重，登月小艇上用到很多銅線。工程師們重新檢視了他們的設定，什麼是把事情做好的必要條件；重新設計接地線，這對於整個電路是很重要的，如此又省下幾近 60 磅（27 公斤）的重量。

這只是眾多例子之一，說明整個團隊花了許多心力在打造登月小艇，以確保安全可靠極近接百分之百是有可能做到的。

儘管重量已減少，問題一一解決，登月小艇的進度卻越來越落後——光是太空總署的品管審查表上就列出了三百多項登月小艇在製造方面有重大堪虞之處。到了西元 1968 年，阿波羅 8 號準備要升空了，首次的登月行動就要在幾個月後上場，他們卻還沒有做出一艘夠輕的登月小艇可以飛。由於其它所有東西都已萬應俱全，壓力就落在格魯曼公司頭上了——登月小艇很有可能就是迫使登月計劃無法趕上甘迺迪總統最後期限的唯一原因。

九次載送太空人的任務，其中有八次抵達了月球。其中編號七號的登月小艇特別了不起。它沒有登陸月球，可是它救了嚴重受創的阿波羅 13 號太空船裡的太空人。阿波羅 13 號在飛往月球途中，指揮艙因為在飛行早期發生爆炸嚴重受損，登月小艇成了太空組員的救命裝備，它的火箭引擎和維生系統讓太空人在極小的機會下得以存活，最後平安返回地球。登月小艇證明了它火線下的勇氣，它亮麗地完成使命。

到最後，以整個阿波羅系統來說，登月小艇是在飛行中從未發生重大故障的唯一主要設備——它為湯姆‧凱利，以及他在格魯曼公司上千名的工作夥伴做了見證，他們都能以這項成就為榮。

格魯曼公司的工人們正在組裝一艘登月小艇。這是為了在地面測試而特別打造的登月小艇,它跟真的登月小艇基本上是一模一樣的。

# 第 8 章

# 倒數零秒

「好了，休士頓，你可以把地球的角度調整一點嗎？
我們除了看水，還能看點別的嗎？」

——麥可 · 柯林斯，阿波羅 11 號指揮艇飛行員

　　阿波羅計劃正緊鑼密鼓加快腳步進行著——阿波羅 8 號在西元 1968 年 12 月飛上月球軌道繞行十次；阿波羅 9 號在 1969 年 3 月間在地球軌道密集測試登月小艇；阿波羅 10 號在 1969 年 5 月近距離環繞月球，在該次任務中，太空人湯姆 · 斯塔福（Tom Stafford）和金 · 塞爾南（Gene Cernan）（兩人後來也都執行過阿波羅任務）爬進了登月小艇中，下降到月球表面附近，進行一次靠近卻未降落的測試。他們飛到距離月球表面大約 50,000 英尺（一萬五千二百五十公尺）高處時，他們進到登月小艇裡，將上升艙與下降艙脫離，然後乘著上升艙飛回月球軌道與指揮艙會合。這次的飛航，除了剛進入登月小艇時發生迴轉現象，但他們很快就處理好，其餘各環節都能按照預定程序完成。至此，阿波羅計劃裡所有的主要飛行器都已經測試至少一遍了。現在，該是進行第一次登陸月球行動了，這一切，就交給阿波羅 11 號的組員來進行吧。

　　1969 年 7 月 5 日，在一場行前記者會上，執行阿波羅 11 號任務的太空人們簡短回答記者的發問直到最後一分鐘。總共三十七個問題中，阿姆斯壯只未回答其中十題。有些問題還蠻了無新意的，好比說，有人問到為什

前頁：拂曉時分拍攝到的阿波羅 11 號農神 5 號。

上圖：阿波羅 10 號出任務時所拍攝到的登月小艇上升艙，它正要返回月球軌道與指揮艙對接。

阿波羅 11 號行前記者會上，三位執行這次任務的太空人，由左至右分別是，艾德林、阿姆斯壯和柯林斯。

麼指揮艙要取名叫**哥倫比亞號**（*columbia*）。「哥倫比亞是個國家象徵，」阿姆斯壯回答道，「而且，各位都知道，朱爾 · 凡爾納小說裡飛上月球的太空船就叫哥倫比亞號。」

「請問，朱爾 · 凡爾納是你最喜歡的作家嗎？」有位記者接著問。「不是，我想不是，不過我確實有讀過這本書。」阿姆斯壯淡然地回答。另一位記者比較問到重點，「請問，〔您〕是否已經想好，在完成首次踏上月球表面這項象徵舉動時，您要發表什麼符合場景又能流傳後世的感言了嗎？」[26]

哎呀不妙。這個話題之前曾經討論了一下，因為這事會反映一個國家在美好的十年中的精神。由於事關重大，就我們所知，太空總署裡面有個公關部門長期以來就忙著在思考，在那歷史性的時刻，應該要說出什麼完美的話來。但是這並非實情——讓阿姆斯壯自己決定吧。關於登陸月球時要說什麼話，太空總署在任務前曾討論過，公關部主任朱利安 · 希爾（Julian Scheer）曾寫了一份備忘錄，大意如此，既然西班牙女王伊莎貝拉並沒有特別指示哥倫布在前往新世界途中發現新大陸時該講些什麼話，那麼太空總署也不會告訴阿姆斯壯在踏上月球的那一刻該說些什麼。這個問題很敏感，但是你絕對想不到阿姆斯壯會這麼回答記者：「沒有，我還沒有想過。」事情就此打住。

還有其他記者問到，除了美國國旗以外，他們還會在月球上留下什麼象徵性的東西，而這些東西是否有什麼潛在的法律含意。阿姆斯壯回答說，「我想我們會請各位再看一次這塊牌子上寫的字，」他指著登月小艇正面一支腳架上釘著的一塊金屬牌，「它上面寫著，『我們為全人類和平而來（We came in peace for all mankind）。』我想這就是我們所要表達的。」問題結束。

最後，有位記者問阿姆斯壯，「請問，依您個人來看，

阿波羅 11 號的這趟飛行，哪一個階段是最危險的呢？」阿姆斯壯並沒有被誘導講出很戲劇性的回應。「這個嘛，我認為，任何的飛行，最讓人擔憂的是那些從來沒有人做過的事，從沒有接觸過的新鮮的東西，」他一開口就這麼說，「登月小艇的引擎一定要能運作讓我們加速離開月球表面回到月球軌道上，服務艙的引擎，當然，它要能夠再度發動，把我們送回地球。」他接著說，「隨著我們在太空中越飛越遠的飛行，就會有越來越多像這樣個別操作的單點系統出現。」然後他在結束時加上一句，「對了，我們對這些系統都有高度信心。」拿這種情緒的問題來問工程師，通常就會得到像這樣的答案。

大家對於登月小艇上升艙引擎的點火系統一直都有疑慮，阿姆斯壯曾經私下找機會提出這項質疑，他問發動引擎是否有備用系統。這是一部非常簡單的機器，可是它只有一套啟動系統。它有兩個加壓燃料箱（這表示不會有渦輪泵故障問題），裡面裝著自燃燃料（能夠在與氧化劑接觸時自發點燃，所以不需要點火裝置），它有兩個小小閥門，以安置的炸藥通電炸開，閥門就會開啟。所以，按下按鈕，然後——砰的一聲——就可以往月球軌道飛去了。可是，萬一要引爆炸藥的電擊沒有操作得當的話，那該怎麼辦呢？工程師難道不能加兩個手動閥門好確保太空人能離開月球表面嗎？答案是不行——那會增加太多重量——登月小艇上升艙的引擎是貝爾航空系統公司承包製造的，貝爾公司工程師向他們保證絕對不會出錯。到最後，阿姆斯壯只好勉強接受現況，雖然他心裡可能有些不樂意。

## 啟航時刻

7 月 16 日清晨，同為太空人的飛行任務成員辦公室主任狄克 • 史萊頓在早上 4 點鐘就把阿姆斯壯、艾德林和柯林斯三人叫醒。他們當時睡在甘迺迪太空中心的太空人宿舍裡，在飛行前幾天他們要進行切實的隔離——誰也不想在第一次登陸月球的路上流鼻水，或是更糟的是，害同組隊友也生病。行前最後一次的健康狀況檢查完畢後，他們三人就先去吃早餐。他們吃了太空人傳統的飛行前早餐：牛排、雞蛋、吐司、果汁和咖啡。這份菜單也是傳統的一部份，它是一份低渣飲食，可以減少太空人在飛行當中排便——在阿波羅太空船無重力狀態下「上大號」，那可不是件輕鬆愉快的事，他們需要用到一種特製的糞便收集袋，附有圓形，帶有黏膠的封口，袋子裡面內建了一副手套，上完大號後，他們要把手指伸進這副手套將糞便與殺菌劑充分混合。沒有人喜歡做這檔子事。

史萊頓和另外一位同為阿波羅太空人的比爾 • 安德斯來和他們一起吃早餐。接下來，大約半小時過後，三位太空人就上樓去準備穿上太空裝並進行呼吸純氧，為稍後的發射升空做準備。這又要花上好幾個小時。

著裝完畢，他們三人很快就坐上一輛廂型車，車子送他們離開太空人宿舍前往 8 英里（13 公里）外的發射台所在地。火箭就矗立在他們眼前，浸淫在黎明微光中，位在高處的通風口向下噴出的熱蒸汽遇冷凝結成一縷縷的凝結尾。看到這景象，柯林斯當下心裡面就想，「眼前這兩個搭擋真是強烈對比，火箭光鮮亮麗，蓄勢待發，充滿希望；而發射塔卻是老舊粗糙，長相難看，哪兒也去不了。」[27]

三位太空人搭乘電梯登上指揮艙；指揮艙離地面大約有 340 英尺（103 公尺）高；此時有另外一位太空人佛萊德 • 海斯在指揮艙裡面拿著檢查表正在詳細檢查；檢查表上有 417 條項目，每個項目都要逐一確認。每一個開關都要待在正確的位置上，每一個計量表和指示燈都要能正常顯示讀數。

阿波羅 11 號發射前的早餐會。圖中最左邊的是比爾 • 安德斯，然後是阿姆斯壯，柯林斯（鏡頭前這位），再來是艾德林和史萊頓（手上拿著地圖）。

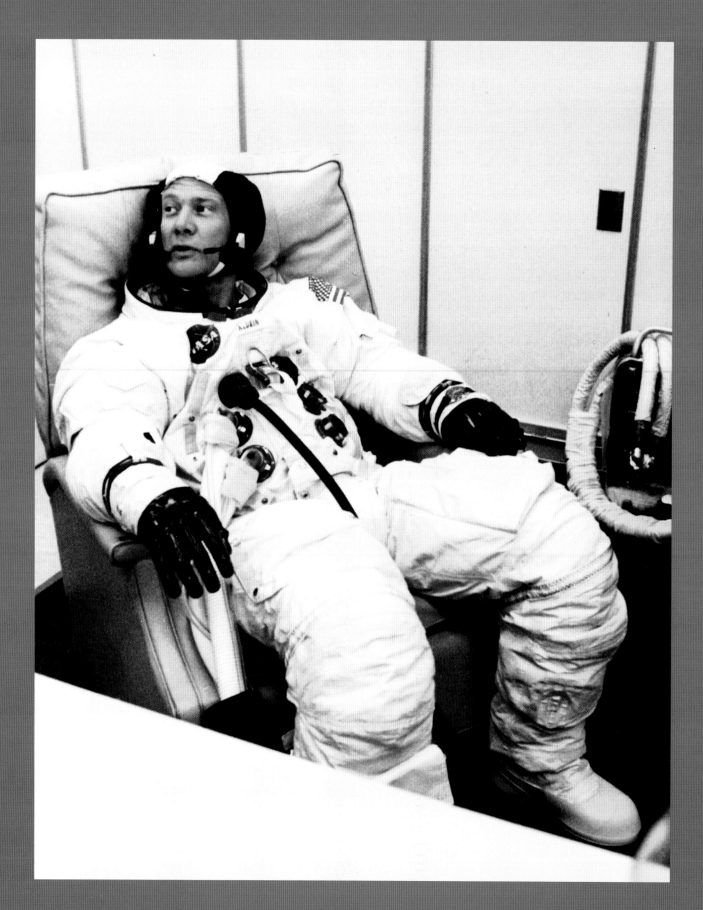

前頁：巴茲 · 艾德林穿上太空衣後先坐在一張躺椅上休息，他在等他的頭盔。等他拿到頭盔後，他就要去透過頭盔呼吸純氧，這是在發射前必要的程序。

上圖：麥可 · 柯林斯正在穿他的太空衣，他看起來一派輕鬆的模樣。

發射台小組人員協助三位太空人進到指揮艙**哥倫比亞號**裡，幫他們坐進了他們每個人指定的座椅中。太空人身上穿著笨重的太空衣，坐定之後彼此的肩膀都靠在一起了。等他們一飛上了太空，確定好已經在往月球的路上，他們會把身上的壓力衣脫掉；在無重力的環境下，太空艙好像會變大許多。可是發射前的這個時候，太空艙裡面的空間實在很小，「幾乎每一吋空間都利用到了，除了底下設備艙裡留了兩個大洞保留為放置登月小艇帶回來月球岩石的盒子。」柯林斯在稍後回憶時說到此事。**28**

當他們在太空艙裡準備就緒，開始最後總檢查的同時，外面有一群大約一百多萬名群眾在卡納維爾角爭先恐後想要搶到最好的——或是最後僅剩的——觀賞火箭發射的位置。那些與火箭發射無關觀眾的最近觀看地點至少要與火箭發射台保持 3 英里（5 公里）以上的距離——那是許多報社記者和貴賓們所在的位置。之所以會要求至少相隔這

麼遠的距離，是太空總署考慮到要保障民眾安全，因為群眾們全無遮蔽，萬一火箭在發射時爆炸了，那可是相當於一顆小型核子彈爆炸的威力。太空人們當然是沒有想到太空總署的這些顧慮，可是發射中心周遭空無一人的情形全被柯林斯看在眼裡。他後來回想起他在進入火箭之前腦中曾經想過，「總是感覺好像有什麼地方不對勁，突然，我看出來了，整個周遭竟然空無一人！……就像是發生了可怕的傳染病把所有人都殺死了，世上只剩下穿壓力衣的人。」**29**等到他們進到太空艙後，忙起了發射前種種的準備事項，這件事就被忘記了。

在發射控制中心的發射室（Firing Room）裡，人人嚴密監控著即將升空的火箭，負責發射行動的主任羅科 · 佩特龍（Rocco Petrone）和技術人員們在一起，他的座位在比較高起的台子上，在他底下四周坐著的都是發射監控員，每個人都緊盯著自己面前的控制台。在旁邊的玻璃窗辦公室裡有幾位長官，有華納 · 馮 · 布朗；喬治 · 穆勒，他是載人太空飛行辦公室（Office of Manned Space Flight）的主管；還有來自空軍的山姆 · 菲利普斯將軍（Sam Phillips），他是阿波羅載人登月計劃的總管。他們彼此交談著，時間正一分一秒往倒數零秒逼近。

到了最後倒數前幾分鐘，在發射室裡面和在外面的卡納維爾角群眾們漸漸安靜了下來。媒體區掛著的倒數計時器上面又大又亮的數字開始倒數計時。

指揮艙內，阿姆斯壯靜靜地用手握住緊急放棄把手，那是一根 T 型操縱桿，就安裝在他座椅的把手上。只要在發射升空過程中有任何不對勁時，他只需要推一下這根放棄桿，安裝在指揮艙上頭的緊急逃生系統就會立刻啟動，那是一組小型火箭，它會迅速地把太空人們帶離發生故障的推進器。那是在萬不得已情況下的最後一招，他們都不太願意去想這種事（沒有任何組員曾經嘗試使用這根放棄桿，因為那是真心到了危險的時刻），但是他們都知道有這個裝置。當時的太空總署署長湯姆 · 潘恩（Tom Paine）似乎是為了消弭他們遇狀況時可能會有猶豫、不願放棄任務的想法，他特別在出發前兩天的晚上對他們說，「如果你們在不得不的情況下放棄了這次任務，我一定會讓你們在下一趟登月行動裡出任務。你們一定要活著回來。」**30**他只是換個方式說，「不要猶豫，情況失控時就要立刻放棄。」

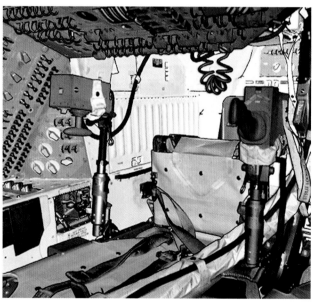

上圖：圖中是甘迺迪太空中心的發射室。他們在這裡監控農神 5 號火箭整個發射過程，一直到它完全離開發射塔為止。

左下：1969 年 7 月 16 日，阿波羅 11 號發射升空當天，卡納維爾角擁入許多觀眾，只要是能站人的地方都擠得水洩不通。圖中我們看到美國前任總統詹森和當時的副總統斯皮羅 · 阿格紐（Spiro Agnew），他們一起在貴賓區觀賞阿波羅 11 號升空畫面。

右下：圖為指揮艙裡指揮官的座椅。中央靠左，在座椅把手的盡頭有根 T 型放棄桿。在火箭發射過程中只要有緊急事件，快速扭轉這根操縱桿，就可以很快速地讓指揮艙脫離農神 5 號火箭。很慶幸的是，這根放棄桿從來沒有用到。

### 「升空！我們升空了！」

到數計時就快要到零時，坐在中間的艾德林先是轉頭望向身旁的阿姆斯壯，然後再轉頭看柯林斯，臉上充滿笑意。經過多年的準備和努力，他們終於真的要飛向月球了。

此時，整個卡納維爾角都聽到了太空總署公共關係室主管傑克・金從發射管制中心喊出倒數計時的聲音。

「10、9，啟動點火程序……。」大家聽到傑克・金喊著。

火箭的主引擎啟動，火焰被引導噴向發射台下的火焰偏轉溝槽，滾滾火焰向溝槽兩邊溢出，不致燒向太空船。十分耗燃料的農神火箭在它離開地表前就要先消耗掉 23 噸（21 公噸）的煤油和液態氧。

金繼續喊著：「6、5、4、3、2、1、0……全部的引擎發動。」（他太激動了，以致沒有在「引擎」後加 s 變成複數。）「升空！我們升空了，9 點過 32 分，阿波羅 11 號升空了。」

透過廣播，我們聽到管制中心背景聲音裡好像有某位監控人員說了句什麼話，然後金接著重複了他的話——「發射塔淨空！」農神 5 號全身飛過發射塔了。這是一件很重要的事，有些人長期以來都心存疑慮，他們擔心火箭發射時晃動厲害或擺動得太大時，萬一撞上了發射塔，可能會是一場大災難。柯林斯後來提到此事，「在發射的最初前十秒鐘，我們離發射塔實在是近得危險。過了十秒鐘的警戒線我才鬆了一口氣。」[31]

阿姆斯壯此時從農神 5 號傳來了第一句話：「我們完成滾動程序了。」火箭滾動到了一個適切的飛行方位角，繼續往赤道推進。

接下來，保羅・哈尼（Paul Haney），他是太空總署位在休士頓的公共事務官，他從傑克・金手上接棒做後續的實況報導。「尼爾・阿姆斯壯回報說他們已經完成滾動和俯仰程序，阿波羅 11 號正朝著正確的方向前進。」

農神 5 號繼續向上爬升，太空人們忍受著第一節火箭劇烈的震動。儘管洛克達公司的工程師們已經盡力讓 F-1 引擎保持平穩，可是發射後兩分鐘的燃燒還是讓太空人們覺得一路顛簸。

哈尼在向大眾報導進度的同時，此次發射的太空艙通訊員（CAPCOM）是他們的太空人同僚布魯斯・麥坎德利斯（Bruce McCandless）。他的聲音平穩鎮定，一直跟太空人們保持通話。升空大約二分半鐘後，五具 F-1 引擎全都關閉了，第一節火箭準備要脫離。

上圖：1969 年 7 月 16 日，阿波羅 11 號發射升空。

下圖：傑克・金，被譽為阿波羅任務的「發射管制之聲」。

前頁：阿波羅 11 號升空，劃過卡納維爾角天際，鏡頭正好捕捉到它與美國國旗同框，留下太空競賽裡最具代表性的畫面。

上圖：阿波羅 11 號完成發射升空後，在阿波羅發射室裡眾人開心的畫面。我們看到左邊的華納 · 馮 · 布朗，他胸前掛著一副雙筒望遠鏡，在他旁邊的是載人太空飛行辦公室主管喬治 · 穆勒和阿波羅載人登月計劃的總管山姆 · 菲利普斯將軍。

「阿波羅 11 號，這裡是休士頓，」麥坎德利斯說，「準備脫開。」

「內側切斷，」阿姆斯壯回報。最後一具 F-1 引擎也已經熄火了，他們正在慣性滑行。然後，幾乎是鎮定平靜的聲音傳來，「第一節脫開。」

第一節火箭轟然地從第二節火箭脫離，向下墜入遠方的大西洋中。緊接著不久，第二節 S-II 火箭的五部 J-2 引擎點火發動了起來。

「引擎點火，」阿姆斯壯過了一會兒補上這句話，麥坎德利斯答覆他說，「有推力了，引擎全開。你們狀況看起來不錯。」

火箭繼續向進入地球軌道；在往歷史性旅程的路上，三位太空人都開心地笑了。地面上，在佛羅里達州，到處是笑聲和互相拍背的道賀，尤其是在發射管制中心的貴賓區裡，馮 · 布朗和其他太空總署的高官們都聚集在這裡觀看火箭升空。這已經是農神 5 號火箭第五次成功發射了；但是大家還是等它接近地球軌道才放下心來。

飛行剛過了九分鐘，第二節火箭的 S-II 引擎關閉，接著又把第二節火箭甩落。第三節火箭 S-IVB 的單部 J-2 引擎點燃，又繼續多燃燒超過兩分鐘，把阿波羅 11 號送到適當的地球軌道上。飛行過了十一分鐘又四十二秒時，阿姆斯壯確認 S-IVB 火箭的第一階段燃燒已經完成。

「熄火，」阿姆斯壯報告說。

經過一些技術性數據傳輸後，地面回覆：

「阿波羅 11 號，這裡是休士頓，」麥坎德利斯說，「你們確定可以**繞行**地球軌道。」

經過兩個小時又四十四分鐘，在確認一切事情都井然

登月小艇顯露出來，正等著指揮艙將它從 S-IVB 節裡拉出來。這張照片從阿波羅 9 號上拍攝到的畫面。

有序，太空船已經準備好繼續下一段旅程後，他們啟動轉移月球噴射（trans-lunar injection，簡寫為 TLI）點火，再啟動的 J-2 引擎。六分鐘過後，這部單一引擎熄火——這是它最後一次發動。

## 拉出登月小艇

將近半小時過後，緊接著就要進行一項任務中除了登月本身以外比較高難度的動作，稱為換位和對接操作（Transposition and Docking Maneuver，簡寫作 TDM），包括指揮艙脫離第三節 S-IVB 火箭，拉到 S-IVB 火箭前面，轉 180 度，朝著 S-IL 節頂端，腳架收起夾在側邊的登月小艇推進。原本包覆著登月小艇通過猛烈上升階段的四塊面板，此時已鬆開，像花瓣般張開漂落列太空中，使登月小艇暴露出來，外壁貼著金箔的下降艙，在太陽光照射下閃閃發光。

利用測距雷達和光學瞄準器——畢竟這是在西元 1969 年——麥可 · 柯林斯要用上他在模擬機裡練習了數百小時的技巧，慢慢地，非常慢地，飛向登月小艇，與它對接。這只是邁向登月之路的關鍵一步，但是非常重要的一大步。如果他切入的角度不對，或者速度上有些過快，他可能就刺穿或撞壞那脆弱的登月小艇。

在阿波羅太空艙的前端有個艙口，上面裝有對接探針（docking probe）——看起來就像用幾根金屬棒組成一個錐狀物。登月小艇的頂端也有個艙口，裡面有一個與對接探

針同樣大小的錐形漏斗。兩艙對接就是要讓指揮艙的對接探針滑進登月小艇的錐形漏斗中，用恰好的力道使兩艘太空船對齊並緊靠，然後對接閂鎖就會扣上以確保兩艘太空船緊緊結合在一起，不會漏氣。於是，就在飛行了三小時又十五分鐘後，柯林斯駕著指揮艙從 S-IVB 脫離。他飛到 S-IVB 的前面，他估計距離大概 100 英尺（30 公尺），然後將指揮艙轉 180 度，對著前方登月小艇的艙口，慢慢推送。這個動作大部分是靠人工操作，柯林斯要用一個光學會合瞄準器。根據後來執行登月任務的一位指揮官大衛‧史考特所寫的回憶，「〔這〕幾乎就是人工看著窗外在操作，實際的推進時間、動作調整，等等，全都是靠飛行員。在這個時候，檢查表就是指導方針，而不像在其它場合只是一套嚴格的程序規定。這情形跟在登陸月球時很像，坐在左邊的飛行員幾乎大部分都是參考著窗外景象來飛行。」[32]

柯林斯小心地縮短兩艘太空船之間的距離，靠著同機組員幫他看著儀表板上的加速顯示器。柯林斯稍後提到，他從接目鏡望過去，登月小艇看起來就像「一隻機械的塔蘭特拉毒蜘蛛（tarantula）蜷縮在它的洞穴裡。牠的一隻烏黑的眼睛不懷好意地瞪著我。」[33]太空艙裡三個人朝著 S-IVB 火箭靠近時，一面評論著眼前所見。

阿姆斯壯說：「真壯觀。」

艾德林回他說，「它看起來真棒，不是嗎？」

柯林斯又加了一句：「嘿，我們在緩緩悠哉地互相靠近。」[34]

經過一番技術性數據傳輸後，柯林斯說：「準備囉；我們要靠過去了。」

對接探針滑入登月小艇頂端的接受器，發出吱吱聲響。由於沒有辦法讓兩艘太空船的方向完全對齊，因此柯林斯稍微等了一下，讓兩邊各自就定位後才扣上對接閂鎖。幾分鐘過後，閂鎖夾緊了，指揮艙牢牢地與登月小艇完成對接。柯林斯立刻就關心起他用掉了多少寶貴的操作燃料。

「這次的對接並不是我做過最順利的一次，」柯林斯解釋道，語氣裡帶著點挫折感。阿姆斯壯告訴他，「其實，這邊感覺還不錯。」但是柯林斯不滿意消耗了太多的燃料：「我的意思是，我剛剛用掉了比我想像的還要多的氣體，你知道嗎？我以為我可以用到跟之前模擬機差不多……可是我沒有──我跟你打賭我用掉了──唉，我說不上一個確實數字，可是我在模擬機上用掉大概 30 磅（14 公斤）吧，我猜這次大概用掉了 50、60 磅（23 至 27 公斤），差不多就是這個數。」

他們把狀況向任務管制中心報告，並在十分鐘的時間內把登月小艇加壓完畢。差不多還不到一個小時光景，柯林斯又坐回了他飛行員座椅，他從座位上設定好程式，然後把登月小艇從 S-IVB 拉了出來。

### 再見了，S-IVB火箭

很快地，S-IVB 點燃一具很小的輔助火箭發動機把自己從指揮艙的軸線上推開，以避免發生意外碰撞──柯林斯他們已經把登月小艇拖著一起飛遠了，他們現在最不想發生的事就是跟 S-IVB 火箭再遭遇。S-IVB 已經完成它的任務了。他們執行了「軌道變換的迴避策略（evasive maneuver）」，他們把 S-IVB 送到圍繞太陽的軌道。

稍過一會兒，阿姆斯壯向更大的中心報告他望向窗外所看到的景象。

「我們在準備登月小艇的彈出任務管制時，休士頓，我們沒有太多時間向你們報告我們從窗外看到的景象；不過，在那之前，我們看到地球明亮半球的北部，有北美，有北大西洋，歐洲和北非。我們看到全部地區的天氣都很

測試中的阿波羅太空船對接系統。圖中下方是設計成金字塔錐狀型的指揮艙對接探針，上方是登月小艇頂端漏斗型的接受器。一旦二者相接，會有閂鎖把二者緊扣在一起。然後柯林斯會手動移除此機制讓阿姆斯壯和艾德林可以從指揮艙進到登月小艇中。

　　這張照片是利用多張月球漫步照片拼貼完成的，拍攝地點離登月小艇有段不短的距離。照片左邊有一根操縱桿，那是阿波羅月球表面近景相機（Apollo Lunar Surface Close-up Camera，簡寫 ALSCC）上的，在阿姆斯壯和艾德林離開月球後，它會留在月球上。這部看來有些笨重的儀器有根長長的操作把手，那是為了方便太空人在拍攝月球表面特寫時可以不用彎下腰來；太空人穿著僵硬又笨重的月球服是不可能彎腰拍照的。照片右邊有個淺的隕石坑，寬度約有 40 英尺

（12 公尺），月球表面的曲率是被照片有些誇大。此處和阿波羅 11 號的降落點一樣，在地形方面都同樣令人興奮——它是被刻意挑選出來的安全地點（地質學家可能會說它很平淡無奇），但還是能提供一些有趣的研究對象使這趟拜訪是值得的。

這張從阿波羅九號上拍攝到的照片，它所呈現的畫面正是柯林斯要與登月小艇對接時從指揮艇上所看到的景象。我們可以清楚看到登月小艇頂端中心點漏斗型的對接接受器。照片來源：美國太空總署。

好——幾乎每個地方都是。加拿大北方有個低壓氣旋，就在亞大巴斯卡（Athabasca）——應該算是在亞大巴斯卡區的東邊。格陵蘭島看得很清楚，它似乎就是我們平常看到的格陵蘭冰帽的樣子。整個北大西洋看起來非常好，歐洲和北非也很清楚。大部份的美國看起來都很清楚。有個低壓——看起來像是鋒面從我國中部向上延伸橫跨到五大湖北方，一直到紐芬蘭島。」

這時，柯林斯在旁邊插嘴，以他一貫機智的幽默，「**我是不知道我看到的是哪裡，但我真的很喜歡我看到的景象。**」[35]

大約過了五個小時，柯林斯開始進行另一項操作，他要讓指揮艙和登月小艇這個結合體沿著中軸慢慢滾動，轉速大約是每分鐘轉一圈。這是所謂的被動熱控制（Passive Thermal Control），或稱 PTC，但它有個非正式的名稱叫

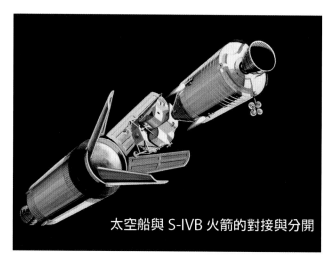

**太空船與 S-IVB 火箭的對接與分開**

美國太空總署當年提供新聞媒體的插圖；圖中可以看到指揮艙與登月小艇已經完成對接，它正點燃了推進器拖著登月小艇一同退出 S-IVB 節。

右圖：阿波羅11號三位太空人在執行登月任務的前一刻，正在檢查他們的指揮艙。他們在飛行中有時會提到「正在太空艙裡活動」，從照片中很清楚看到太空艙小小的內部其實很狹隘。

下圖：在這張最新的圖片中，我們看到指揮艙與登月小艇已經完成對接，它們維持這個姿勢往月球前進。由於太陽光會直直照射到它們暴露在外的船身，因此它們這對雙船要一起沿著中軸不停轉動，好讓來自太陽光的熱可以平均分佈在太空船身上。

「烤肉模式（barbecue mode）」。要太空船滾動的目的是要讓太空船的船身能平均受熱。這是個權宜將就的冷卻方式，可以免去裝設一套又大又笨重的讓太空船降溫的冷卻設備——如果不這樣滾動，太空船受熱的一邊會很快地升溫到超過華氏250度（攝氏121度），而另一邊的溫度則是下跌到零下幾百度。雖然這種做法很陽春，可是很管用。

完成這個動作後，他們終於可以脫下身上的壓力衣（他們從發射時就一直穿到現在），清理一下，收拾起鬆開的裝備，然後稍微休息一下。現在，阿姆斯壯、艾德林和柯林斯他們三人正以每小時10,208英里（每小時16,428公里）的時速向月球前進。

# 第 9 章

# 抵達月球軌道

「得了吧，巴茲，不要叫它們〔那些殞石坑〕『大媽們』；
請給個科學一點的稱呼吧。」

——麥可‧柯林斯，阿波羅 11 號指揮艇飛行員

阿波羅 11 號的任務進行得很順利，他們就維持著同樣的速度繼續朝月球軌道滑行。這段期間，他們就有時間可以吃點東西、休息一下，還傳送了第一次的電視畫面給地球上數百萬名關心他們這次任務的群眾。在飛行了大約二十六個小時後，柯林斯再次坐回飛行員座位上，他要進行中段飛行路徑校正——他要點燃指揮艙的火箭引擎以調整行進路線，確認他們的軌跡是對準月球軌道。但是在點火之前，他要先丟棄船艙裡的廢水，透過一個小小的閥門把艙內多餘的水送到艙外去。要先丟棄廢水的原因是，即使那微小的噴射水氣都會影響到太空船的行進軌跡，利用稍後再點燃火箭引擎的推力，可以補救在把廢水噴灑出指揮艇時所產生的推進效應。廢水丟掉後，柯林斯用一支小潛望鏡再調準太空船和星星之間的相對位置。就算已經有了最先進的技術（以當時而言），這種利用星辰導航的方式，經過地球上的航海家們歷練了數百年的經典技巧，仍然是他們會採用的方法。只不過，他們不是在海面上的二度空間裡使用，而是利用它在太空的三度空間裡去定位。算出了相關方位後，柯林斯便立刻啟動指揮艙引擎，然後他們就朝著他們預定的正確方向前進。只用短短幾秒鐘的推力，他們調整的最終軌道距離月球表面 201 英里（323 公里）降到了距離

69 英里（111 公里）的高度。

在執行登月任務六十一個小時之際，阿波羅 11 號太空船來到了所謂的**等引力層**（*equigravisphere*），這是一個地球和月球重力牽引相等的地方。從這裡開始，三位太空人會被月球引力大力牽引著加速奔向月球，因此，精準確實非常重要。

十四個小時過後，他們更靠近月球了。三位太空人坐進他們的座位，繫上安全帶。準備要發動引擎，「踩一下剎車」，把他們插入他們所瞄準的正確的月球軌道。火箭引擎發動後，指揮艙－登月小艇被定向成引擎與行進方向一致。太空船現在慢慢大轉身繞到艾德林所說的「月球的左手邊」，他們要繞到月球的背面，從那裡，他們會看不到地球，這也意味著他們會跟地球失去無線電通訊，因為月球這巨大的岩塊會把訊號阻隔。就在轉進到月球背面時，阿波羅 11 號要再發動一下引擎，而任務管制中心無法知道他們的引擎有沒有成功發動，一直要等到他們從月盤後面繞出來時才會知道結果。

前頁：一般阿波羅太空船在繞到月球背面（lunar far side）時拍攝到的畫面。這樣的景象唯有從月球軌道上才能見到。

當他們接近月球邊緣（從地球可見的月球的邊緣）時，艾德林和任務管制中心進行斷訊前最後一次通訊：「一分鐘後斷訊（LOS）。請記錄下來。」（LOS是失去訊號（*Loss of Signal*）的簡寫，意謂阿波羅11號在繞到月球背後時，無線電傳輸會中斷。）

任務管制中心答覆說，「阿波羅11號，這裡是休士頓。你們就要轉彎了，所有系統現在看起來都很不錯，我們在另一頭再見。完畢。」

就在他們通過月球背面時，艾德林十分訝異月球背後的表面竟是如此粗糙。由於月球被地球的「潮汐力鎖定」，這使得月球始終都保持著以同一面面向地球。人類的肉眼永遠無法看到月球的背面（它有時候會被錯誤地稱作是**月球暗面**（dark side）；事實上它的時相跟月球正面（near side）完全一樣）——除非是從太空船的觀點才有機會看到月球的背面。

「月球的背面要比我們從地球上所看到的月球正面來得更坑坑疤疤，」艾德林回憶時說道，「它的背面，從幾億年前太陽系剛開始形成時它就被流星轟擊成如此面貌。」[36]

柯林斯此時輸入了一些指令代碼到指揮艙的電腦介面裡——即顯示器／鍵盤，叫DSKY（DSKY是「display/keyboard」的縮寫），發動了指揮艙的引擎。這次發動引擎是要產生掣動力來減緩他們的速度，以便能進入月球軌道——否則，他們可能會衝過月球。要是在月球背面指揮艙的引擎沒有發動成功，他們就會一直往前直飛入太空。幾個小時前的那一次修正點火，萬一當時的引擎沒有發動起來，阿波羅11號太空船就會進入所謂的「免費回航」行程，他們會受到地球引力吸引，一路無阻地回到地球。不過，中段飛行路徑校正點火完成的話，那個選項就不會再有。慶幸的是，引擎順利點燃，持續燃燒了大約六分鐘，煞車成功他們上了月球軌道。

引擎熄火後，艾德林立刻檢查儀器，他要確認他們現在的月球軌道跟預期的相差多少。看到儀表板上的數字，柯林斯就笑出聲來，然後評論他們預計要到達的60英里（97七公里）高度：「其實，我是不曉得我們是不是到了60英里的高度，但至少我們沒撞上大媽。」

此時，艾德林把高度計上面的數字唸出來給他聽：「看哪！快看哪！高169.6，低60.9！」

柯林斯回答他，「棒，棒，棒，真是太棒了！」然後他問艾德林，「你要不要把它寫下來，或是怎麼樣？……

快把它記錄下來，不管怎樣，反正就是好玩嘛。高170英里，低60英里，真是神準！」

然後，柯林斯望向窗戶外，「嗨，月亮。月背老友，你好嗎？」三十分鐘後，他們完全越過了月球的邊緣，耳機裡開始聽到任務管制中心傳來劈啪的聲響。

「阿波羅11號，呼叫阿波羅11號，這裡是休士頓，你聽到了嗎？完畢。」

艾德林回答，「是的，聽到了，休士頓。插入月軌一號引擎燃燒得恰到好處，一切看起來都很好。」

柯林斯現在很開心。他已經把兩位夥伴送到了月球軌道——接下來就靠他們倆去跨越最後的60英里（97公里），去到下面那佈滿岩石、坑坑洞洞的月球表面。

## 最後階段

這趟任務以來已歷經將近四天了，發射後大約了九十五個小時，阿姆斯壯和艾德林進到登月小艇做最後登陸月球的準備。他們已經第十一次繞飛月球軌道，如果一切依照計劃進行，再過幾個小時他們就要登上月球表面了。

此時，在地面上的休士頓控制中心裡，新一班人員來到載人太空飛行中心接手，他們是飛行總監金・克蘭茲（Gene Kranz）所帶領的「白隊」（White Team）（譯注：太空總署的每位飛行總監會選擇某一顏色做代號，如：白色、紅色、藍色等，克蘭茲選的是白色，他所帶領的團隊就稱「白隊」。）這組人員將要引導阿姆斯壯和艾德林兩位太空人登上月球表面，他們的團員名單如下：

- 金・克蘭茲，首次登月行動的飛行總監。
- 史蒂夫・貝爾斯（Steve Bales），導航官（Guidance officer，簡稱GUIDO）；登月小艇老鷹號上的導航系統專家。
- 西摩・李伯格（Sy Liebergot），電氣、環境和通訊官（electrical, environmental, and communications officer，簡稱EECOM）。
- 查克・第特呂希（Chuck Dietrich），他是反向／制動火箭官（Retrofire officer，簡稱RETRO），監督在登月行動中止任務的各種選項。
- 傑克・加曼（Jack Garman），阿波羅導航軟體程式支援組組長，及電腦專家。
- 查理・杜克（Charlie Duke），最了解登月小艇的太

空人之一，阿姆斯壯指名要他擔任登陸月球階段之太空艙通訊員。

● 鮑勃·卡爾頓（Bob Carlton），登月小艇的下降引擎專家，阿波羅11號的飛行控制員。

● 喬·加文（Joe Gavin），格魯曼公司登月小艇計劃的總監。他和湯姆·凱利以及其他來自格魯曼公司的人員一同在場監看他們所打造的登月機器的表現。

克蘭茲還記得他開車上班去接手將第一批美國人送上月球。「我去理了個髮，我太太幫我準備一袋午餐，那份量足夠給人值三個班。當我把車開到〔載人太空飛行中心〕停車場時，我發現我不記得有經過清湖（Clear Lake），不記得這一路上是怎麼開過來的。」[37] 克蘭茲一心一意只想著他即將要去監督的工作。

喬·加文回憶了當時的情況，「這整件事都很令人緊張，因為我們基本上是設計飛機的人，在這個行業裡，我們一定要試飛無誤才敢交貨給客戶。在登月小艇這件案子裡，你根本無法拿它試飛。每一次發射的都是全新的登月小艇。」[38]

史蒂夫·貝爾斯卻是因為別的原因感到緊張：「那天早上我們剛到的時候，登月小艇完了。」他指的是，系統斷電了，在登陸月球之前一定要把一切恢復過來。「我們要把它再度啟動，調整，整個檢查一遍。在模擬階段時，那裡就常常就是最麻煩的地方，真的。我們〔在訓練過程中〕從來沒有一次不碰到大問題。」[39]

整組人員都到齊了，每個人拿好了咖啡，抽煙的人在他們的控制台上擺好了煙灰缸。等一切都準備好了以後，他們從交班人員手上接下了他們的工作。這將是個漫長、卻很刺激的一天——且不論結果將會是如何。

就在兩天前，遠在華府，理查·尼克森總統（Richard Nixon）的演講稿撰稿人特別加寫了一篇「以防萬一」的講稿，這是要給總統在登月球行動萬一失敗的情況下使用的。這份講稿是白宮聽取了阿波羅8號太空人法蘭克·博爾曼（Frank Borman）的建議而準備的；博爾曼當時是太空總署負責與白宮官方的連絡人。這份講稿的內容如下：

「命運之神已經做了決定，祂讓那些前往月球進行和平探索的人永遠留在月球上安息了。

這兩位勇者，尼爾·阿姆斯壯和埃德溫·

艾德林，他們都知道已無望回航。但是他們也明白，人類會從他們的犧牲中看到希望。人類最遠大的目標是追求真理和知識，他們兩位為了這個遠大目標犧牲了性命。

他們的家人和朋友會哀悼他們；國家會哀悼他們；全世界的人都會哀悼他們；地球母親也會哀悼他們，因為地球母親竟然忍心將她這兩個孩子送進未知的世界。

因為有他們的太空探險，全世界的人凝聚成一條心；由於有他們的犧牲，四海一家的情誼變得更為堅固。

在古時，人們仰望天上群星，在星座中看到了他們的英雄。在現代，我們也做同樣的事情，但我們的英雄是有血有肉、如史詩般的人物。未來會有其他人追隨他們的腳步，追隨他們的人一定會找到回家的路。人的探索不容成實。他們是先鋒，長存於我們心中。

在未來的每個夜晚，每個抬頭仰望月亮的人都知道，在另一個世界的某個角落，永遠屬於我們人類。」[40]

可喜的是，這份感人的講稿一直沒有派上用場。一等到太空人完成了登月行動，這份原本要向悲戚的全國民眾表達哀悼的文章就立刻被歸檔收進了檔案櫃裡。

致：哈利 · 羅賓斯 · 霍爾德曼（H. R. Haldeman）

自：威廉 · 薩菲爾（暱稱比爾，Bill）　　　　日期：西元一九六九年七月十八日

------------------------------------------------------------

在月球漫步失敗，發生不幸事件時使用：

　　命運之神已經做了決定，祂讓那些前往月球進行和平探索的人永遠留在月球上安息了。

　　這兩位勇敢的人，尼爾 · 阿姆斯壯和埃德溫 · 艾德林，他們都知道生還無望了。但是他們也都明白，人類會從他們的犧牲中看到希望。

　　人類最遠大的目標是追求真理和知識，他們兩位為了這個遠大目標犧牲了性命。

　　他們的家人和朋友會哀悼他們；國家會哀悼他們；全世界的人都會哀悼他們；地球母親也會哀悼他們，因為地球母親竟然忍心將她的這兩個孩子送入未知的世界。

　　因為有他們的太空探險，全世界的人凝聚成一條心；由於有他們的犧牲，四海一家的情誼變得更為鞏固。

　　在古代，人們望著天上群星，在星座中看到了他們的英雄。在現代，我們也做同樣的事情，但我們的英雄是有血有肉、如史詩般偉大的人物。

## 任務管制中心準備好了……

克蘭茲站在他領導的團隊面前，眼神堅定又熱烈。曾經是海軍陸戰隊員他的腰桿挺直，中等身材，頭上總是頂個理得很短的小平頭。他的個性堅毅不拔，做事認真，總是在專業上精益求精。克蘭茲擁有這些特質，正是符合這個重要時刻的完美人選。此時的他，年紀才三十六歲。

克蘭茲是在水星計劃期間加入太空總署的，他當時在航空界傳奇人物克里斯・克拉夫特（Chris Kraft）底下做事；克拉夫特現在是載人太空飛行辦公室的航務主任。克拉夫特從太空總署成立時就在裡面工作了，他曾經指派克蘭茲將飛行作業流程書寫成冊。克蘭茲對於飛航的各項細節和規定瞭如指掌。

克蘭茲一手訓練自己的團隊——過去七年來他幾乎都跟他們住在一起——而且他毫無保留完全信任他的下屬。他的這批控制員平均年齡只有二十六歲。克蘭茲說，「我要的人要夠年輕，年輕到還不知失敗為何物。」[41]

他現在站在他的團隊成員面前，身上穿著他的新背心，神采奕奕——他的太太瑪塔，在他每回執行飛行任務時，都會為他量身訂製一件背心。這些背心，從純白色到華麗的紅白藍條紋的都有，每件都很漂亮，各有各的特色。今天，他身上穿的這件是用白色織有銀絲浮花的錦緞製作——是屬於低調精緻型的背心。他站在隊員面前，一副海軍陸戰隊員的架勢，他拉一拉身上的背心，整理好自己的服裝，準備要對這群執行飛行管制的成員們做一番簡短的談話。他談話的內容大致如下：

「來吧，各位飛行管制員們，請聽我說。打從我們出生的那一天起，就是為了今天，此時此刻、在這個地方，我們要把美國人送上月球。今天不管發生什麼事，我都支持你們做的每一個決定。今天，我們是以整個團隊進到這個房間，離開時，我們也要整個團隊一起走出這裡。從現在開始，不准有人進入或離開這個房間，直到我們把人送上月球，要不就是我們的太空船墜毀了，要不就是我們中途決定放棄行動。從現在起，我們的結局就只會有這三種選項。」[42]

對克蘭茲而言，他身負重任，成敗關係十分重大，而事情的結果就那麼簡單。對於那三種他所說的可能結局，他稍後又說，「要是發生後面那兩種情況，那可真是不妙。」[43]

在他對整個團隊說完話後，他命人把任務管制中心的門鎖上，還把電源的斷路器鎖到定位，以防止突然跳電。克蘭茲說，「我所掌控的事，絕不能有一絲靠運氣來決定。」[44]

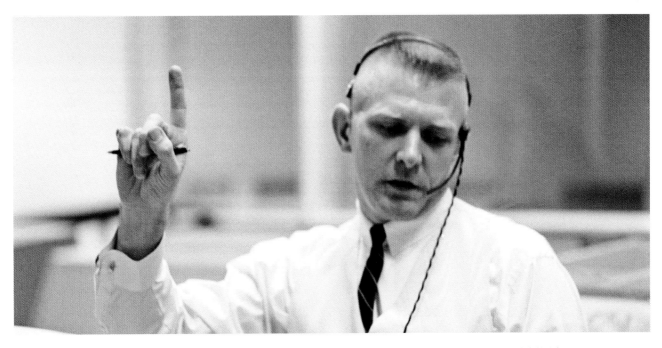

前頁：「以防萬一」的講稿是威廉・薩菲爾（William Safire）為尼克森總統草擬，為阿波羅 11 號的月球漫步太空人不幸發生意外時之用。

上圖：金・克蘭茲頂著經典小平頭拍攝於阿波羅 5 號發射升空時。

在登月小艇與指揮艙解除對接後，阿姆斯壯把登月小艇飛到柯林斯面前，在他眼前旋轉，好讓他檢查登月小艇的外觀，然後他才開始下降到月球表面去。

### ……太空方面也準備好了

當阿姆斯壯和艾德林在登月小艇**老鷹號**上正在仔細落實登陸前的檢查清單時，柯林斯在**哥倫比亞號**指揮艙裡，內心有點焦躁不安。雖然他沒有對他的夥伴們明講，他對他們的評估是成敗參半——至於他所預見的最終結果是什麼，就讓各位各自解讀了。「你們這兩個傢伙在月球表面上要小心點，」他交待了這句話。[45] **哥倫比亞號**和**老鷹號**現在還對接在一起，在月球上空編隊飛行。

幾分鐘後，在他們開始執行任務已經一百小時又十二分鐘後，柯林斯按下一個開關把**老鷹號**鬆開放掉。靠著對接機關裡的一個彈簧，只輕輕一推就把它們二者分開。這個推動力大小是已知的，而已加為影響登月路徑的因子——就像幾天前在中途丟棄廢水一樣，每個小細節都須納入加以計算。唯一**沒有**考慮到的是，指揮艇和登月小艇之間的通道裡少量殘留空氣的壓力。就是這些微的空氣竟給**老鷹號**過多的推力，這對他們稍後的登陸衍生出很大的意外。

阿姆斯壯用登月艇上的推進器飛離**哥倫比亞號**，然後在柯林斯面前慢慢迴旋，好讓他用目測把登月小艇檢查一番。在柯林斯看來，一切都沒有問題——最重要的是，登月小艇沒有受到任何損傷，它的四根登陸腳架都已經伸開並且都鎖住了。

「你飛得真好，**老鷹號**，只不過，你頭下腳上倒著飛了。」柯林斯說。

阿姆斯壯回他說，「**有人**搞不清楚方向了。」

「你們兩個多加小心了，」柯林斯加了這一句。

阿姆斯壯回他一句「待會兒見，」說得可真輕鬆，好像他只是要去個小酒館喝杯酒，而不是要去執行人類首次登陸月球的行動。不過，那就是阿姆斯壯的風格。

柯林斯利用太空艙裡的導航望遠鏡看著他的同伴們離他漸漸遠去，他們往既定路線前進時，首度點燃引擎使他們減速，然後下降。柯林斯一直看著他們，直到他們已經

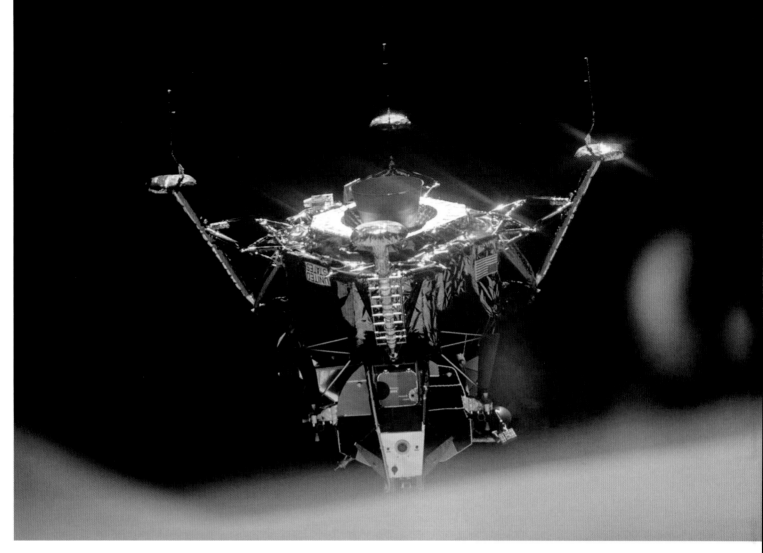

上圖：登月小艇老鷹號還沒開始下降到月球表面前的模樣。

右圖：阿姆斯壯正在做要讓登月小艇下降到月球表面前的準備工作——下降前，他必須要把頭盔戴上。這張照片是在執行登月任務前，阿姆斯壯在登月小艇模擬機裡面被拍攝到的畫面。

　　飛到離他大約有 100 英里（160 公里）以外，**老鷹號**變成一個小點在他眼前消失。接下來的廿四小時裡，柯林斯要獨自一人在月球軌道上飛航，此時的他，真可說是史上最孤獨的男人。

　　而**老鷹號**呢，在接下來的兩個小時又廿分鐘裡，它要繼續在月球軌道上繞行，好讓兩位太空人能把檢查表上的項目再一一核實，準備執行他們為它接受了十八個月訓練的偉大任務；其實，或換個方式來說，他們是從西元 1961 年就開始為這項任務做準備了。現在，他們馬上就要登陸月球了。

**通訊恢復了……也不盡然**

就在**哥倫比亞號**和**老鷹號**雙雙完成最後一趟繞行到月球背面之後，緊接下來就準備要登陸月球了——也就是，要啟動動力下降切入月球軌道——就在**哥倫比亞號**剛從月球背面轉出來時，任務管制中心聽到了柯林斯的聲音。「嗨，寶貝，一切都進行得非常順利。」當時柯林斯是世上唯一能聽得到**老鷹號**裡面發生什麼事的人，因為任務管制中心到現在已經跟他們斷訊四十五分鐘了。

兩分鐘後，**老鷹號**也回到了無線電通訊範圍，但是訊號品質十分糟糕。克蘭茲現陷是否登陸的兩難：依照流

阿波羅太空船飛行時，任務管制中心的作業情形。此張照片拍攝於阿波羅 10 號太空船升空時。

程規定，其中有很多還是出自他的手筆，關於登陸，他們要使用雙系統遙測——內建在**老鷹號**艙內的電子監控系統——還要用語音通訊來確認任務是否繼續進行，兩者缺一不可。大約再過十分鐘，克蘭茲就必須要做出決定，究竟要或不要進行下降點火。現在就全看無線電訊號的品質了。

整個管制中心變得更安靜了，管制員們苦等通訊問題的解決。克蘭茲很了解規定的內容——是他訂定了大部份的規定——但是他也了解，放棄也是件很危險的事，他突發一想，他願意放寬解釋到什麼限度。但是，如此一來就會讓登月行動變得有些不照規定，這可完全不是克蘭茲的作風。問題接二連三找上門來，克蘭茲後來形容，「簡直就像蒼蠅盯上了野餐盒。」[46]

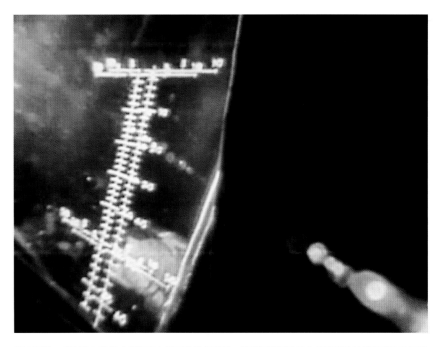

圖中所見，是刻劃在登月小艇窗戶上的著陸點指示器。當阿姆斯壯比較他們底下的地標與著陸點指示器的標示，他馬上就知道他們較預定降落地點偏離很遠了。

幸好登月小艇上的太空人把天線調整好了，克蘭茲總算拼拼湊湊得到他想要的資訊——內容正好足夠讓他同意登月的準備動作可以繼續進行下去。還有五分鐘，克蘭茲作了禱告。而查理・杜克，身為太空艙通訊員，一直在利用靜電干擾中間偶而出現的寶貴空檔跟艾德林通話；就在他終於從無線電裡聽懂了艾德林的問題後，他建議艾德林試著從登月小艇方面來改善通話品質。

就在克蘭茲必須要做出指令，指示登月小艇進行或是不要進行動力下降切入的決定的時候，現場爆出了一番激烈的討論，他覺得不可以再這樣繼續吵下去了。他像棒球練習守備一樣，「把球從三壘傳到二壘再傳到一壘」，輪流詢問每個控制台，要他們說出自己的意見。

「我要一一詢問大家的意見，依據你們訊號出去（LOS）前的數據告訴我可以或是不可以啟動動力下降——好了，我們馬上就會告訴你們，再幾秒鐘就好……。」克蘭茲的衣領都濕透了，現場許多管制員們都在猛力吸著他們的煙。「好，RETRO（返航／制動火箭組）？」「可以。」「FIDO（飛行動力組）？」「可以。」「導航員？」「可以！」導航員在過度緊繃下大聲吼出他的答案，克蘭茲一下子被他逗得笑了出來。「TELECOM（電信組）？」「可以。」「GNC（指導、導航和控制系統）？」「可以。」「EECOM（電氣、環境和通訊）？」「可以。」「醫官？」

「可以。」

都問完了之後，克蘭茲開口了，「通訊員，我們決定，可以啟動動力下降、切入月球軌道了。」杜克立刻轉達給登月小艇，「**老鷹號**，這裡是休士頓。現在我們聽得到你們了。你們可以啟動動力下降、切入月球軌動了……你們可以繼續動力下降，你們可以繼續動力下降。」

大約4分鐘過後，升空以來第102小時，又33分鐘，阿姆斯壯按下導航電腦上的「**開始**」按鈕，然後簡單說了一聲，「點火。」

**老鷹號**現在用正面朝下飛，它的窗戶就對著月球表面。正當他們緩緩減速時，阿姆斯壯發現降落點的標記比他印象中提早了兩秒鐘出現在他窗戶上的刻度尺上。而他們的下降引擎正照著既定的時間分秒不差的慢速下來。電腦不知道這其中發生了兩秒鐘的差別，原因在於登月小艇與指揮艙解除對接時，因為對接通道裡殘留的空氣，登月小艇加快了速度。阿姆斯壯把這情況告訴了巴茲，他們兩個人心裡馬上就明白，他們今天有額外工作了——**他們偏離了航道**。

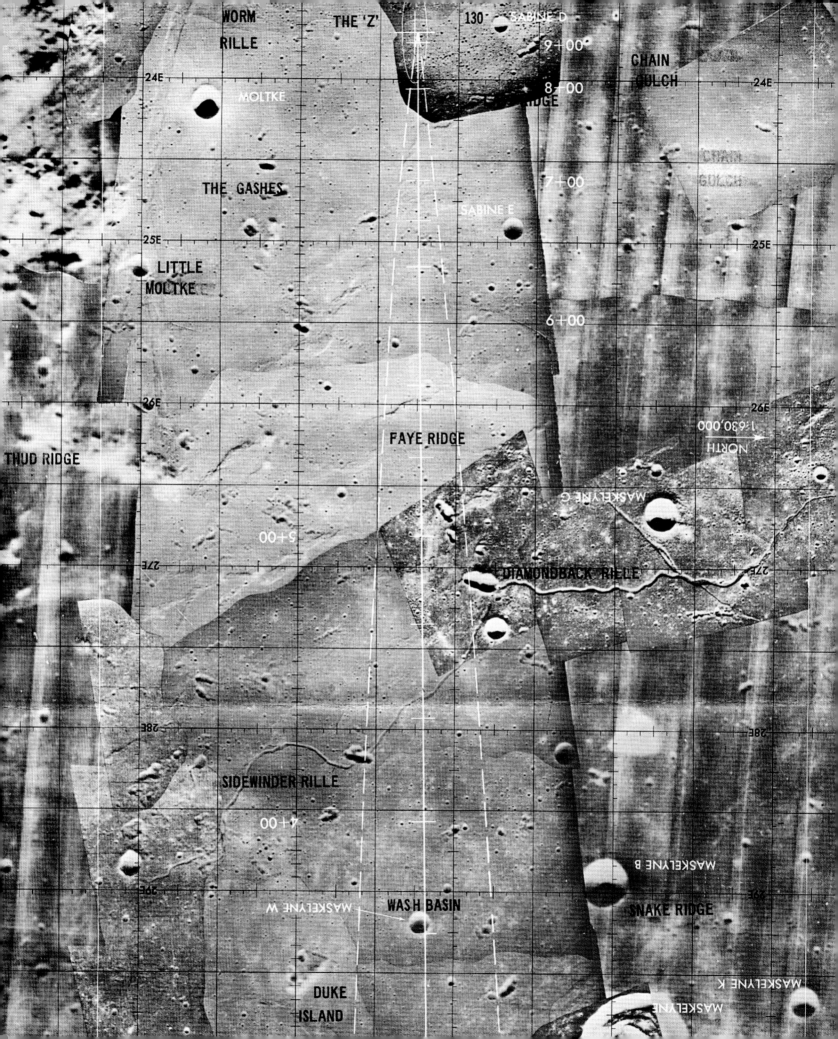

WORM
RILLE

THE 'Z'

130

SABINE D

9+00

24E

24E

MOLTKE

8+00

CHAIN
GULCH

CHAIN
GULCH

THE GASHES

7+00

SABINE E

25E

25E

LITTLE
MOLTKE

6+00

THUD RIDGE

26E

26E

1:630,000

NORTH

FAYE RIDGE

MASKELYNE G

5+00

27E

27E

DIAMONDBACK RILLE

28E

28E

SIDEWINDER RILLE

4+00

MASKELYNE B

29E

29E

MASKELYNE W

WASH BASIN

SNAKE RIDGE

MASKELYNE K

DUKE
ISLAND

MASKELYNE

# 第 10 章

# 安全登陸

「等我們搞定這難纏的傢伙，我們要立刻衝出門去，啤酒喝個痛快，然後大聲説，
『媽呀，我們真是幹了件了不起的大事！』」

——金 · 克蘭茲，阿波羅 11 號飛行總監

阿姆斯壯和艾德林在看到電腦第一次亮起 1202 警示燈時，他們正從 33,000 英尺（10,000 公尺）高空往下降落中；只要那 1202 的綠色警示燈亮著，整部電腦就無法提供其它任何資訊。

阿姆斯壯說，「程式警報」，然後又再說一次，「是 1202 警報。」由於他們跟地面上的通訊時好時壞，為了確保他們有聽到，艾德林隨後又重複了一次：「1202。」

阿姆斯壯和艾德林有點兒搞不懂究竟發生了什麼事——於是阿姆斯壯又開口，用比較焦急的口氣對任務管制中心說，「請告訴我們 1202 程式警報是怎麼回事。」

在地面，飛行管制員們各個面面相覷，然後趕快查看自己的寫字夾板裡對電腦警訊所做的註記。在管制中心後方，房間裡守著一群支援飛行管制員的人，他們也都拚命在查看筆記，迅速翻閱資料夾。分秒必爭。

太空艙通訊員查理 · 杜克回憶當時的情況，「我嚇壞了。真的，真可以用『目瞪口呆』來形容。我急著找出指導手冊和飛航檢查表來，想看看【那代碼】到底是怎麼回事。」[47] 可是他什麼資料也沒找到。

前頁：此為美國太空總署為登陸月球準備的降落點地圖。老鷹號要從圖的下方沿線往圖的上方飛去，在線的交會處找到預定的降落地點。後來實際發生的情況是，老鷹號飛得遠遠超過了理想的降落點。

上圖：圖中是阿波羅太空人查理 · 杜克守在控制台前的神情。此影像是從一部十六毫米的影片中截取到的畫面。

左圖：這是一個阿波羅導航電腦的複製品，重現當時螢幕上出現的 1202 程式警報代碼。

右圖：史蒂夫・貝爾斯是阿波羅 11 號登陸月球時任務管制中心的管制員，他在管制中心擔任導航官，負責嫻熟導航系統。他在能幹的傑克・加曼協助下，及時作出了決定，使登月行動即使在電腦警報聲響中還是繼續進行下去。他當年廿六歲。

　　管制中心裡大家繼續輪流發表意見，大部份都是對剛剛恢復過來的雷達信號感到擔心。但是最緊急的應該還是 1202 警訊。

　　幸好，史蒂夫・貝爾斯最近剛整理出一張所有電腦警訊的小抄；原因是，在那個月稍早的一場模擬行動中，他中途喊停，中止了模擬。原來，當時有位模擬器監督員，他把 1202 和相類似的 1201 電腦警訊同時放到同一場模擬行動中——貝爾斯因此喊停，中止該次模擬行動，他那時並不了解，這兩個警訊雖然很重要，但是對於整個行動其實並無妨害。貝爾斯事後很懊惱——他覺得他應該要更熟知整個情況才是，他跟克蘭茲保證他不會再讓同樣的事情發生了。他萬萬沒想到，他們竟然會在這個人類第一次登陸月球時候又碰到同一個錯誤代碼。

　　貝爾斯同時也把這次的「救援」歸功於傑克・加曼。「當時發生了很多事，」貝爾斯稍後在回顧這件事情的時候說，「最後〔雷達〕數據傳送過來了，我們一看〔電腦警訊〕，傑克立刻大叫，簡直就是喊了出來，『沒關係的！沒事的，只要它不要一直繼續下去就好！』」[48]

　　貝爾斯把這個訊息轉告給克蘭茲，克蘭茲於是同意讓登陸行動繼續進行。

　　就在老鷹號繼續下降的過程中，電腦不時會間歇性地鎖定，一會兒不是出現 1202，就是出現 1201 這樣的錯誤代碼。這些代碼的原始電腦邏輯，事實上是，「我一直收到過多的資訊。如果我自己不重新設定一下，我會垮掉。所以，我決定不理會一些無關要緊的事，只繼續留意真正重要的訊息，悶氣生完就沒事。」以上這番話，是模擬電

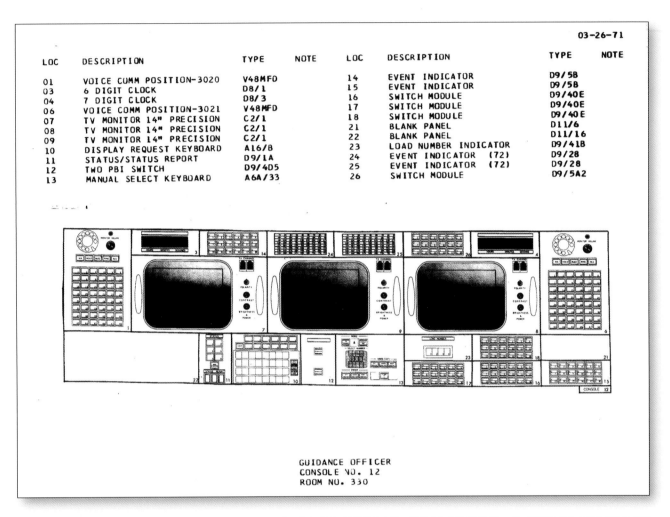

```
                                                                        03-26-71

LOC   DESCRIPTION                    TYPE      NOTE    LOC   DESCRIPTION                    TYPE      NOTE

01    VOICE COMM POSITION-3020       V48MFO            14    EVENT INDICATOR                D9/5B
03    6 DIGIT CLOCK                  D8/1              15    EVENT INDICATOR                D9/5B
04    7 DIGIT CLOCK                  D8/3              16    SWITCH MODULE                  D9/40E
06    VOICE COMM POSITION-3021       V48MFO            17    SWITCH MODULE                  D9/40E
07    TV MONITOR 14" PRECISION       C2/1              18    SWITCH MODULE                  D9/40E
08    TV MONITOR 14" PRECISION       C2/1              21    BLANK PANEL                    D11/6
09    TV MONITOR 14" PRECISION       C2/1              22    BLANK PANEL                    D11/16
10    DISPLAY REQUEST KEYBOARD       A16/B             23    LOAD NUMBER INDICATOR          D9/41B
11    STATUS/STATUS REPORT           D9/1A             24    EVENT INDICATOR    (72)        D9/28
12    TWO PBI SWITCH                 D9/4D5            25    EVENT INDICATOR    (72)        D9/28
13    MANUAL SELECT KEYBOARD         A6A/33            26    SWITCH MODULE                  D9/5A2
```

GUIDANCE OFFICER
CONSOLE NO. 12
ROOM NO. 330

這張示意圖所呈現的是史蒂夫・貝爾斯在擔任導航管制員時，從他座位上所看到的控制台畫面。他跟其他的飛行管制員一樣，面對的是令人眼花繚亂的各種功能和條件陣列。

腦講話的口氣，當然，這只是要讓大家了解當時電腦發生的情況。

### 1202的罪魁禍首

引起 1202 警訊的罪魁禍首就是雷達信號。鎖定下方月球表面的雷達訊號，時間上進來得慢，等它傳來時，正好碰上會合雷達，而在二者之間產生匹配差而會合雷達原本是不需要傳入信號的。有位工程師說，「〔這〕是一個很難解釋電子學上很複雜的匹配差——兩個原本應該在時相上鎖定的信號，卻僅在頻率上鎖定。那是會合電達硬體的瑕疵；在下降的過程中，是可以不需要會合雷達的。」[49]

幸好，電腦還可以進行它們基本的運作，降落行動可以繼續進行，只是一旁的電腦不時有錯誤代碼跳出來閃著綠光。

順帶一提：阿波羅導航電腦所使用的複雜又革新的代碼，是麻省理工學院儀器實驗室所編寫的，他們簽了承攬這件工作合約。瑪格麗特・漢密爾頓（Margaret Hamilton）是其軟體工程部的主管，她負責監督及撰寫大部份電腦程式代碼。那是在數位運算非常早期的年代，在一部三十六千位元組（36 KB）的電腦上操作，而當時電腦的功能比今日操控一座烤箱的還不如。漢密爾頓很聰明地放入一個警示代碼，它會跳出來顯示「執行（運算）過度」的問題，但是電腦還是可以繼續運算重要的工作。瑪格麗特・漢密爾頓因為這項工作獲得了美國總統自由勳章。（譯注：2016 年，美國總統歐巴馬授予漢密爾頓女士總統自由勳章，因為她的貢獻使得阿波羅 11 號得以成功登陸月球。）

漢密爾頓稍後有寫下這個事件的原因，「電腦（或是

　　此幅全景照片是從巴茲 · 艾德林定點拍攝的系列照片中挑選出來拼接完成的；照片中，阿姆斯壯正在登月小艇附近工作。在登月小艇右下方，一具小型、白色直立的器材是阿波羅月球表面特徵相機（ALSCC）。在相機右下，有兩顆大石頭。石頭的高度大約是 2 英尺（60 公分），而背景的登月小艇有 23 英尺（7 公尺）高，此對比可借讀者體會在月球

上的大小尺度。艾德林的影子出現在照片底部右方。太空人在月球漫步時拍攝很多像這樣的全景照片，但是只有在數位照片編輯工具出現後，這些拼接照片的品質才能改進供大眾展示。

各位控制員的意見，然後他請杜克轉告**老鷹號**，他們可以進行登陸了。「這裡是休士頓。你們可以登陸。完畢。」艾德林聽到後，用非常鎮定的聲音回答，「收到，了解。可以登陸。」然後，幾乎是用不在意的口氣，他說，「程序警報。」出現的是代碼 1201，不過，這一次，貝爾斯立即跳出來說，「老問題了，我們繼續。」克蘭茲也同意他的說法。

### 偏離目標

登月小艇裡，阿姆斯壯知道他偏離了目標，但是，他沒有跟任務管制中心講太多，他只是一心一意專注於從三角形小窗戶望出去的月球表面。艾德林現在獨自負責無線電，眼睛盯著電腦數據不放，他持續提供他們的飛行姿態和速度；如果一切沒有順利發展下去的話，這些數據可能很快就會被用來當作他的墓誌銘。

有一位飛行管制員，他轉報了從**老鷹號**的遙測裝置傳來的一則無害的訊息：「姿態保持（attitude hold）。」這表示，阿姆斯壯已經停止下降而把登月小艇的飛行狀態改成了直線水平飛行。他正在尋找降落地點，改用手控登月小艇，用手操控桿飛行。在他下方的月球表面，不只偏離了預定的降落區，而且還十分崎嶇不平──地面上有很多石塊，還有很多隕石坑，無法保證登月小艇可以安全降落。可是電腦完全不知道這種狀況──它只知道，到了它**認為**應該降落的位置，它就要降落。現在，正是需要人力全力介入的時候了。

此時，燃料也一直在消耗。而且是快速地消耗中。

現在，他們來到了離月球表面 400 英尺（122 公尺）高處。太空艙通訊員查理・杜克知道接下來即將要發生什麼事，他對著整個群組說，「我覺得我們現在應該要安靜下來。」而杜克沒說出口的是，站在離他不遠處的狄克・史萊頓先已一拳打在他肩膀上，對他說，「閉嘴，讓他們好好降落。」[51] 史萊頓要整個任務管制中心的人現在少給太空人一些不必要的資訊，讓遠在 240,000 英里（386,000 公里）之外的太空人們好好專心降落。杜克很尷尬，他也同意史萊頓的說法。

克蘭茲說，「大家聽好，從現在起，只有燃料問題才需要喊給大家知道。」目前燃料是複雜的登月計算裡最關鍵的問題，而且它的存量已經低到危險程度了。

艾德林不斷在看著數字，然後他對阿姆斯壯說，「你維持水平速度好一陣子了。」這是在溫和地鼓勵，**老鷹號**

瑪格麗特・漢密爾頓是麻省理工學院儀器實驗室軟體工程部主管。她負責大部份驅動阿波羅導航電腦裡的代碼，她所添加的 1201 和 1202 查誤程序使電腦不至於當機，進而放棄登月任務。照片中，她跟列印出來的電腦代碼一起合照。日後，她因為這項成就獲頒自由勳章。

說電腦裡的程式）很聰明，它知道它被過度要求去處理超過它應該處理的工作。這時它就會發出警訊，通知太空人：『我的工作量此時已經超過負荷了，從現在開始，我只會繼續做比較重要的工作，也就是說，我只做跟登陸有關的事。』……在這個事件裡，電腦程式會排除比較不優先工作，重新設定去處理比較重要的。……當時如果電腦無法辨識這個問題，而未採取復原行動的話，我很懷疑阿波羅十一號會是當年首度登上月球的太空船。」[50]

電腦的緊急問題看起來是解決了，克蘭茲又問了一輪

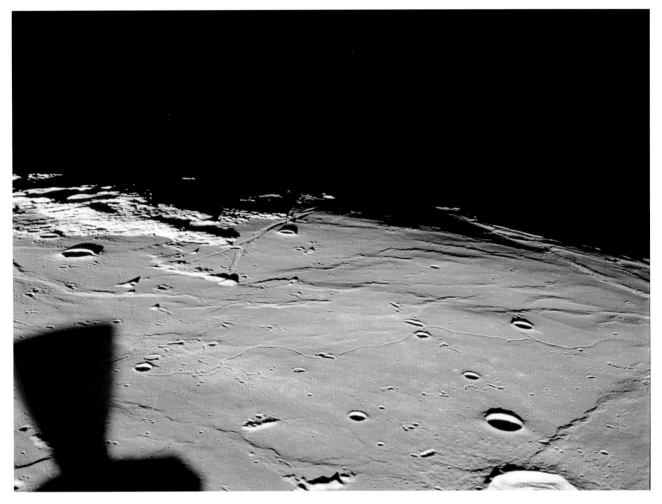

寧靜海，雖然從月球軌道上看起來很平坦，但其實並非如此。在登陸行動的最後階段，阿姆斯壯就是一直努力在找一處「寧靜平坦」的降落點。

應該要往下飛了，而且要快。

「我看到外邊的影子了，」艾德林說，「250（英尺）往下，每秒 2.5（英尺）……慢慢降下來。」

「去到那邊的隕石坑上面吧，」阿姆斯壯插進來這句話。

「200 英尺〔61 公尺〕，」艾德林接著往下說。靜電又來干擾，擴音器裡又是一陣劈啪作響；就在阿姆斯壯要找一個平坦的降落點時，傳輸信號又變得越來越弱。「每秒 5.5（英尺），往下……。」艾德林說，他說的是他們的下降速率。

阿姆斯壯仍然繼續往前推進。前面應該可以找得到一塊平坦的地方吧。

## 「燃料低水準」

地面無線電群組裡有人喊出：「燃料低水準。」地面控制台和登月小艇上亮起來的警示燈都明白顯示，燃料快用光了——燃料餘量太低，感應器已無法偵測到。艾德林說，「100 英尺（30 公尺）……，」然後接著說，「百分之五，」這是他們僅剩的燃料量。此時，登月小艇上又有一個警示燈亮起來——「油量燈」——這個目視指示器也顯示了同樣的問題。再過 94 秒，他們就會來到人稱的「死人區」，這是在燃料與時間對應關係圖上的一個點，到了這個點，如果在 20 秒內無法落地的話，就必須放棄行動。眼前的問題是，如果他們飛得離月球表面太近，沒人有把握說登月小艇可以順利使下降、上升段脫節，點燃上升引擎，快速

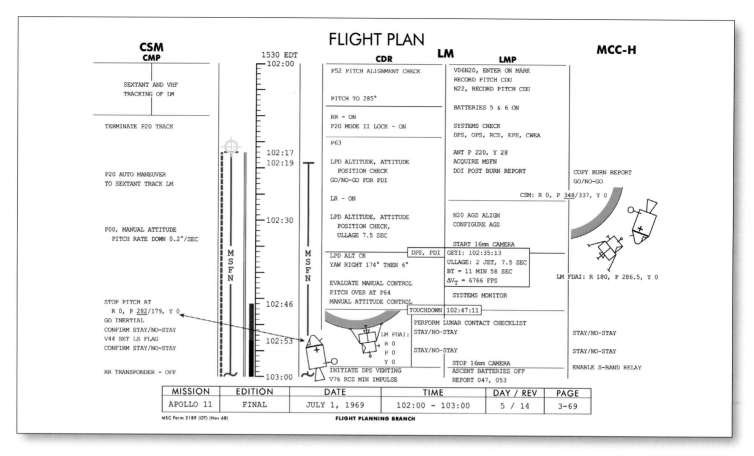

此圖出自阿波羅 11 號的飛行計劃表；圖中顯示登陸月球的過程應該如何進行。

上升，而不會變成破碎的鋁片和飄動的美拉樹脂片，散落在好幾畝的月球表面上。

再說，阿姆斯壯早該停止水平飛行改成筆直下降了——此時，任何一個側轉動作都有可能會弄斷登陸腳架，或是讓登月小艇側翻到一邊去；不論發生哪一種情況，兩位太空人都性命難保。可是他還在盤旋，並且一直向前飛去，他還在找一處平坦地方好讓登月小艇降落。

貝爾斯記得他一直望著螢幕上正在進行的事，他搞不清楚月球上面究竟發生什麼事。他回想過去數百次的模擬，阿姆斯壯總是老早就停止了往前飛的動作，「他幾乎都是直接就往下降落的。但是這次他沒有這麼做。他以每秒 20 英尺（每小時 13.6 英里）的速度往前飛。這麼一來，當然就是一直在消耗燃料。」[52]

「我們想挑一個不錯的降落點，趁我們的高度大概還有 150 英尺〔45 公尺〕的時候，」阿姆斯壯解釋道。[53]艾德林補充說，如果你看到左邊和右邊的位置都不好，心裡就會想「飛過去吧」，然後就會繼續往前飛了。說的都對，但是現在已經沒有足夠的燃料可以任意**到處**飛了。

阿姆斯壯他們很早就沒有在辨認地標了。他們手上最好的地圖是幾個月前阿波羅 10 號低空飛過月球表面時所取得的資料，但那些都是在距離這裡上方 8 英里（13 公里）的資料，現在飛得這麼近，地圖和實際地形完全對不上。

「在每次訓練中，到了這個時候，我們早就讓它落地了，」克蘭茲這麼說。[54]有時候，在降落的最後階段，克蘭茲抓在手上的鉛筆會被他捏到斷成兩截。他後來換成了鋼筆——鋼筆比較折不斷。

在管制中心房間的後半部，有位管制員名叫鮑勃・南斯（Bob Nance），他正盯著一台報表記錄器。報表上的線條中有兩條正逐漸接近底邊，顯示節流閥設定和燃料餘量水準。南斯看著這些線跡和數值，心中根據之前數百次模擬情境的經驗往前推算。他通常能精確算到 10 秒或更短的時間。這是在電腦時代來臨前人們做事的方式——當時仍包含很多臨機應變、心算，或直覺，甚至推測——不論是在任務管制中心或在月球上，都一樣。南斯，緊張得冒出一身汗來——這是一場勝負僅差毫釐的比賽。

## 一分鐘的燃料

「60 秒」，這喊叫聲打破了任務管制中心裡的沉默——查

理‧杜克轉告時間只剩 60 秒了，不然任務將要強迫中止。可是阿姆斯壯和艾德林現在離月球表面還有 75 英尺（23 公尺）。兩位太空人都沒出聲，他們正全神貫注在降落這件事上。然後傳來艾德林的聲音：「30 英尺〔9 公尺〕，每秒 2.5（英尺）往下。看到模糊陰影了。」

管制中心裡面有股快要解脫的氣氛——他們很有可能會成功，就差那麼一點兒了……。

「進四，再進四，向右移過來一點，」艾德林說。阿姆斯壯則完全沒有出聲。

「30 秒！」查理‧杜克說。在登月小艇裡，艾德林暫時把他的眼睛自電腦螢幕上的讀數移開，轉向寫著「**放棄**」按鈕的位置。在接下來的任何一刻，他們隨時可能會有一人按下這個按鈕。

登月小艇現在飛得還有些偏向側邊，阿姆斯壯努力把它修正，改為筆直——他已經找到他要的降落點了。其實他沒辦法真正看到要降落的地點——下降引擎的排氣噴起了月球表面的塵土，數十億年來沉寂於此、從來不曾被打擾的塵土，這時在下方揚起巨大的塵柱。但是，他可以看到登月小艇的影子落在翻滾塵土的巨浪上，有這個指引就夠了。他知道自己勝券在握。「到了那個高度，燃料用完也不用擔心了。就把它用完吧，也許，就隨它往下掉吧。」阿姆斯壯說。[55]

過了幾秒鐘，艾德林說，「接觸燈亮。」原來，登月小艇三支登陸腳架上各裝有一根 5.5 英尺（1.5 公尺）的金屬探棒延伸出登陸腳架，已碰觸到月球表面，在艙內儀表板上就會亮起淡藍色的燈亮。此時，阿姆斯壯就可以把引擎關掉，讓**老鷹號**安靜碰地落在月球上——但是他等到**老鷹號**完全安穩著陸後，他才把引擎關掉。

「熄火。」阿姆斯壯說。艾德林複述他的話，「好，引擎停止。」從發射升空到現在，已經過了 102 小時，45 分鐘，43 秒。

兩位太空人扳動了幾個開關把下降引擎的電源完全關掉，讓登月小艇「安全上壘」。地球上，查理‧杜克說，「我們知道你們下來了，**老鷹號**。」

阿姆斯壯關掉了引擎全部的電路迴路，這是確認引擎完全關妥的最後一個步驟，然後，他說，「休士頓，我們在寧靜海基地。**老鷹號**已降落。」

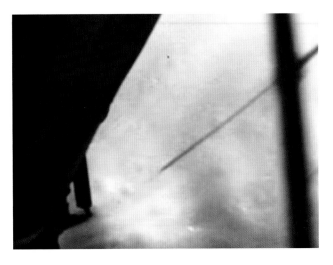

上圖：這個畫面翻拍自登月小艇降落時所拍攝的十六毫米影片，月球表面的塵土被下降引擎的排氣擾飛，以致無法看清月球表面。右邊的黑影是月表接觸探棒；登月小艇的四支登陸腳上，有三腳上安裝了此種探棒。

下圖：查理‧杜克在登月小艇成功降落後，立刻輕鬆得笑了起來。

| 04 06 44 53 | LMP | Okay, 75 feet. And it's looking good; down a half. 6 forward; light's on. 6 - 60 feet down, 2-1/2, 2 forward, 2 forward. |
| 04 06 45 13 | LMP | Looks good. 40 feet down, 2-1/2. Picking up some dust. 30 feet, 2-1/2 down - straight down; 4 forward, 4 forward, drifting to the right a little. |
| 04 06 45 25 | LMP | 20 feet, down a half; drifting forward just a little bit. Good. Okay. |
| 04 06 45 41 | CDR | SHUTDOWN. |
| 04 06 45 42 | LMP | Okay. ENGINE STOP; ACA out of DETENT. |
| 04 06 45 43 | CDR | Out of DETENT. |
| 04 06 45 45 | LMP | AUTO MODE CONTROL, both AUTO; DESCENT ENGINE COMMAND OVERRIDE, OFF; ENGINE ARM, OFF; 413 is in. |
| 04 06 45 52 | CDR | ENGINE ARM is OFF. |
| 04 06 45 58 | CDR | Houston - Tranquility Base here. THE EAGLE HAS LANDED. |
| 04 06 46 14 | CDR | Thank you. |
| 04 06 46 17 | CDR | Okay. Let's go on. Okay, we're going to be busy for a minute. |
| 04 06 46 23 | LMP | Alright, MASTER ARM, ON. Take care of the descent vent. |
| 04 06 46 25 | CDR | MASTER ARM coming OFF. |
| 04 06 46 27 | LMP | I'll get the pressure vent. |
| 04 06 46 28 | CDR | Okay. |
| 04 06 46 36 | LMP | Very smooth touchdown. |
| 04 06 46 49 | CDR | I didn't hear that vent going - - |
| 04 06 46 51 | LMP | ... oxidizer. |

## 終於登陸月球了

心中大石落地的杜克，一時激動到有些口齒不清，「收到，領……〔他自己趕快更正〕寧靜海。我們收到，你們著陸了。底下一堆人屏息以待，都快要憋死了。我們現在又能喘氣了，真謝謝你們。」

阿姆斯壯回答道，「好了，我們接著要忙一會兒。」他和巴茲・艾德林現在要把登月小艇重新設定一下，以確保萬一臨時有什麼狀況時，它可以緊急升空。

就在阿姆斯壯和艾德林相視而笑，握手慶賀，依著檢查表完成降落後的各項檢查事項時，任務管制中心也享受了一下這得來不易的歡慶時刻。在玻璃封閉的訪客區內，群情激動。在管制中心裡，到處響起道賀聲，拍背、握手，也有人默默流下眼淚。十年來，無數次的訓練和模擬，如今終於得到回報，登月成功。但是他們現在還未安全回家。

在短暫的感性時刻過後，克蘭茲，這位前海軍陸戰隊員，很快又進入工作狀態。他首先就問大家，要讓阿姆斯壯他們停留，還是不停留。突然，他咆哮起來，「夠了，你們就繼續聊下去好了！」所有的管制員趕緊閉起嘴來。一切情況看起來不錯，是可以讓阿姆斯壯和艾德林在月球上短暫停留一下的。

管制中心現場相對安靜了大約十五分鐘。這時，克蘭茲接到一位管制員打來告訴他，「總監，下降引擎的氦氣槽，壓力正在快速上升。後面的人預期破裂板（burst disk）會撐破，以防止壓力過大。我們要叫組員們給系統排氣。」

這可不妙。不知什麼東西引起下降引擎其中一條燃料管線的壓力上升。湯姆・凱利和他的格魯曼公司的手下，還有來自湯普森・拉莫・伍爾德里奇公司的人（下降引擎是他們建造的），他們都來到管制中心協助登陸的事，一時之間不知如何是好，他們一起討論著究竟是怎麼回事。克蘭茲叫他們立刻就要給個答案。

他們猜想，最有可能的情況是，下降引擎的某條燃料管線裡結了一小塊冰塊——月球表面的低溫勝過登月小艇下半部艙裡的溫度，讓燃料凍結了。如果因為冰塊後方的壓力持續上升的話，那麼，最好的情況就是，「破裂板」——一種防止壓力過大的安全系統——能夠破掉。這情況就不算太壞；下降艙已經完成它的任務，再也不需要用到它了。最糟的情況，有可能是，登月小艇的下半部發生爆炸，那會讓太空人喪命，這可就大事不好了。

克蘭茲是否應該要叫太空人們放棄任務，讓他們立刻回到月球軌道上呢？還是他要聽工程師們的意見，看看是不是只要讓下降引擎「打個飽嗝」，就可以解除壓力呢？這個做法本身也有風險——打開閥門的過程可能會引起短暫燃燒，這可能導致**老鷹號**「跳起來」或甚至翻覆。幸好，在考慮所有可能情況的過程中，燃料管裡的冰塊融化了，壓力也降下來了。問題解決了……。現在，不知道接下來又要面對什麼樣的問題。

就在阿姆斯壯和艾德林的正下方，在燃料槽滴答作響和逐漸冷卻的下降艙裡，剩下的燃料還不夠燃燒一分鐘。可見，在他們登陸時，他們差一點就要因為燃料不足被迫放棄行動。成功登陸和被迫放棄，中間僅有一線之隔。

前頁：此為美國太空總署對阿波羅 11 號登陸月球過程的官方記錄。阿姆斯壯說的那一句，確認老鷹號已經著陸的對話，被人用筆圈了起來，又畫了個箭頭做標記，可見那是多麼令人興奮的一刻。

上圖：一整排的飛行管制員在得知成功著陸後，悄悄露出歡欣的笑容。翻拍自十六毫米影片。

# 第 11 章

# 月球漫步

「我的一小步，是人類的一大步！」
（THAT'S ONE SMALL STEP FOR MAN……
ONE GIANT LEAP FOR MANKIND.）

——尼爾 · 阿姆斯壯，阿波羅 11 號太空人

上述那一句話，究竟是不是真是大家所聽到的，阿姆斯壯在他頭盔裡講的話，至今還是個謎。阿姆斯壯到他臨終前都還在發誓說，他當時特別講出來的話是，「這是**個人**的一小步」（That's one small step for *a* man，）因為，這句話如果不是這麼講的話，他說，這句話就沒有任何意義了。歷史學者和技術人員們打從登月成功的那一天起，就一直反覆重聽當天的錄音檔，近來還用先進的軟體去強化收聽效果，甚至還用到了語音模式識別系統，就是為了確認他當時究竟有沒有漏掉任何一個字。由於一直沒有找到肯定確切的答案，這件事簡直就成了一件永遠無解的公案。但是我們都瞭解阿姆斯壯所要表達的意思，那就已經夠好了。

阿姆斯壯和艾德林做好了一切準備，萬一有什麼突發狀況，他們確定可以從月球表面做緊急升空。他們重新設定了切換開關，把新的資料輸入到導航系統裡，接下來他們還有一些時間可以做點自己的事情。他們倆看到窗外的景象都覺得很驚訝——**老鷹號**正好停在一處地勢平坦、寬廣的平原上，上面滿佈大大小小的隕石坑洞、大岩塊和礫石，到處都是。遠處還有一些低矮的山脊，大約有 20 到 30 英尺（6 至 9 公尺）高。阿姆斯壯很慶

幸他避開了這些障礙物——萬一登月小艇降落在太傾斜的地方，那麼他們在離開時很可能會出問題。

降落點附近實在沒有什麼可供辨識的明顯特徵，阿姆斯壯因而挖苦地說，「那些說我們會沒辦法講清楚我們究竟到了哪裡的人，你們說對了，你們是今天的贏家。」這番話引得任務管制中心裡面有幾個人暗自笑了出來。[56]

而艾德林呢，向來很有敘事天分的他，在月球漫步時更把這項才華展露無遺，他說，「這裡好像收藏了各式各樣的石頭，各種形狀、有稜有角，不同顆粒度，幾乎各種各樣的石頭都能在這裡找到。至於顏色嘛……變化多端，就看你從零相點相對的哪個位置來看。都不是一般平常所見到的顏色。還有，有幾塊石塊和礫石，這附近還頗多……它們身上好像就快要變化出某種有趣的顏色來。」[57] 這番話，讓幾位守在休士頓管制中心後面房間裡支援的地質學家們聽得心神嚮往。

前頁：艾德林再往下一步就到月球表面了。這是阿姆斯壯為他拍下的照片。多數在月球上漫步的照片都是阿姆斯壯拍的，因為相機在他身上。

上圖：這是首張由人類在另一個世界所拍攝到的影像——阿姆斯壯在登陸月球之後隨即從登月小艇的窗戶朝窗外拍了一系列的照片，拼貼成了這一張照片。右邊的淺坑，寬度大約有 36 英尺（11 公尺）。萬一老鷹號的任何一支登陸腳墊是落在這個淺坑裡的話，他們之後要從月球表面安全起飛的機會就會打折。

右圖：登陸月球的程序都執行完畢後，克蘭茲就將任務管制中心的工作移交給另一位飛行總監。他今天的工作已經結束了，只是他要把登陸的過程做個記錄，好留給未來的飛行做參考。

阿姆斯壯和艾德林在月球上也有嚴格的生活作息要遵守。依時間表來看，接下來是他們的「休息時間」，行程上他們此時應該要小睡一下，但是他們兩人對這種規定都不以為意，是在醫生們的堅持下才會把休息也列入飛行計劃中。當他們真的有壓力需要舒解一下的時候，睡覺也是幫不上忙的。

不過，這倒是給了他們一些個人的沉思時間。以艾德林來說，他用了部分時間做為他的信仰時刻。

宗教和太空飛行並非一直都是和平相處的，即使有很多太空人是固定上教堂的人。阿波羅 8 號成功升空時，時值聖誕節前夕，太空人們在月球軌道上誦讀聖經裡的創世紀。這當然是他們個人發自內心，誠摯的公開宣揚自己的宗教信仰，一般大眾也能接受，但是有些人就覺得不妥，至少，有一個人無法接受，還為此上法院控告太空總署。那人就是麥達琳・默里・歐黑爾（Madalyn Murray O'Hair），她創立了一個美國無神論者協會，她控告太空總署妨害宗教自由，涉嫌侵犯美國憲法第一修正案（譯註：

美國憲法第一修正案，禁止美國國會制訂任何法律以確立國教；妨礙宗教自由；剝奪言論自由；侵犯新聞自由與集會自由；干擾或禁止向政府請願的權利。該修正案於 1791 年 12 月 15 日獲得通過，是美國權利法案中的一部分，使美國成為首個在憲法中明文不設國教，並保障宗教自由和言論自由的國家。）雖然最後美國聯邦最高法院駁回了這項指控，但是太空總署嚇得從此再也不敢在太空中進行與宗教有關的活動。

但是，艾德林堅持要舉行他個人的宗教儀式。他從袋

子裡掏出一個小包，裡面裝有一個迷你的聖杯和一些聖餐薄餅。他倒了一些酒在聖杯裡，然後說，「在下是登月小艇飛行員。我要藉此機會敬請各位聽到此番禱告的人，無論是誰，無論在何處，請你們暫停一下手邊的事情，請想一想過去這幾個小時內發生的事，不論是男是女，請用你們自己的方式感謝這一切。完畢。」就這樣，他舉行了他自己的小型宗教儀式，全程都有阿姆斯壯在一旁觀看。艾德林自己默唸著約翰福音，如此就不會再惹出什麼爭端來。

雖然阿姆斯壯之前有答應會遵守醫生指示，醫生要求他們在登陸之後、離開登月小艇之前要休息一下，可是，他跟艾德林都準備好要去探險了——誰還睡得著啊。他們取得任務管制中心的同意，可以提前開始行動。出發前，他們先吃了點晚餐。

吃完晚餐，這兩位月球人（Moonmen）——歷史上第一批絕對值得這個稱號的人——開始花費一番功夫穿上EVA艙外活動衣，背上維生裝備，檢查好每一個項目，然後再互相檢查一遍。他們背上背著的維生包，是可攜式維生系統（Portable Life Support System，簡稱 PLSS），這又是阿波羅計劃中另一個微型化的奇跡。每一個維生包都足以讓一個太空人在月球表面上吸氧氣、濾除二氧化碳長達幾個小時，還能供應飲用水，又能藉著讓水流循環到壓力衣裡面保持讓太空人舒適的溫度。當他們到了太空艙外面，在陽光照射面和陰暗面之間他們的太空衣會暴露在將近華氏 500 度（攝氏 260 度）的溫差下，太空衣的裡襯中，織入了塑膠細管，這讓水流能夠在壓力衣中循環，藉此均衡他們的溫度。

他們最後戴上了頭盔和手套，然後要把太空艙減壓，然後才能打開艙門。事實證明這事做起來比原先預期的還要困難。雖然他們已經把艙內的空氣排放到月球真空中，可是殘存艙內的空氣仍足以使向裡開的艙門紋風不動；裡面還有十分之一磅（45 公克）的壓力抵著門。他們稍微試了一下，艾德林很快就摸到艙門的上緣，他往後拉了一下。

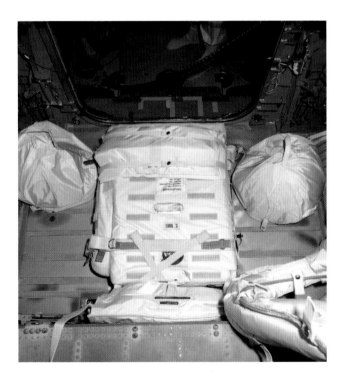

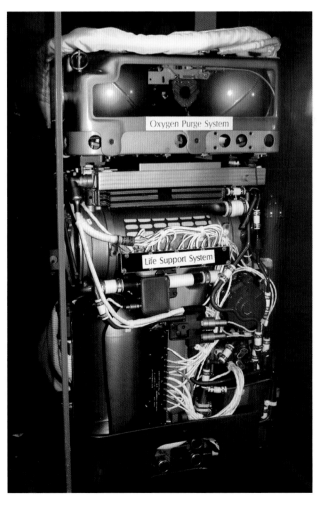

上圖：這張登月小艇艙門外的照片是在地面訓練時所拍攝的，它讓我們知道當太空人在月球上要打開艙門時大致上會看到什麼景像——除了那雙站在艙門外的技術人員的腳。中間的是查理・杜克的可攜式維生系統包（阿波羅 16 號任務），左右兩邊是要安置頭盔的收納袋。

右圖：這是阿波羅可攜式維生系統背包，又稱 PLSS 背包。它們是阿波羅計劃中偉大的發明，從來沒有一件在月球表面出過問題。

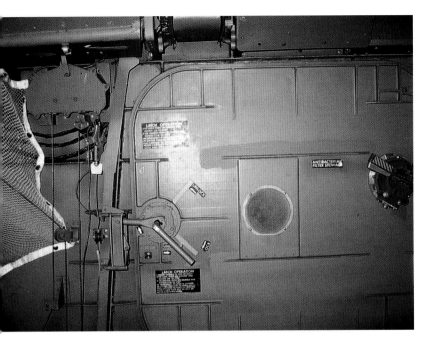

## 邁出一大步

此時，阿姆斯壯四肢著地趴在地上，兩腳向外伸出了登月小艇艙口。他在做這個動作時，顯然有不小心碰斷了登月小艇控制台上一個突起來的塑膠開關——好巧不巧，那是個上升引擎的斷路器開關。這件事情一直要等到他們準備要離開月球時才發現，當時他們照著檢查表做行前檢查，這才看到斷路器的開關斷掉了。

登月小艇的內部空間實在有夠狹小，做什麼事都要十分小心。「整個登月小艇的結構都很脆弱，我們任何一人，拿支鉛筆，從太空艙的側面就能戳得下去，」阿姆斯壯在回憶時這麼說。[58] 小心至上是不敗的道理，要做到卻沒那麼容易。「當時我們兩個人，感覺就像是兩個足球隊裡魁梧的後衛，卻擠在一頂二人幼童軍帳篷裡，還要在裡面交換位置。」他又補上了這一句。

艾德林，包裹在太空衣裡，透過頭盔跟阿姆斯壯講話，「好了，挪一下……向你的……翻到左邊去。很好。你總算是聽懂了。你已經到了平台上面了。把你的左腿往右挪一點。好，很好。現在向左邊翻過去。很好。」[59]

阿姆斯壯趴著，把身體挪到一個平台上——稱為「前玄關」（front porch）——平台座落在登月小艇的前腳架上。他緊抓兩邊的扶手，把身體挪移到平台的邊上。他在開始下去前，先伸手去拉一根平台左邊的手把，以鬆開登月小艇側邊的一塊以鉸練固定的金屬板，金屬板向下旋開，露出內藏的設備，那是一台電視攝影機；在這個時刻，很重要的設備。

任務管制中心的螢幕，閃爍出現一個鬼魅般的影像。雖然是黑白又模糊的畫面，但真是棒極了。那是一個人，蹲在一部剛降落到月球上的機器前！很可惜，畫面是上下顛倒的。過了好一會兒時間才把影像轉正過來——只需推動電波追蹤站裡的一個開關就行好了。阿姆斯壯辦好這件事，現在他準備要走下梯子了。

在此之前，大家曾經想了好久，究竟梯子的最末端要離地面多高。登月小艇的腳架具有簡單可摺疊的機制，可摺縮以吸收降陸時的衝擊。至於腳架會縮多少，是依據測試所做的有根據的猜測。但是最後，還是要看登月小艇觸及月球表面時的速度。阿姆斯壯直到落地前都沒有關掉下降艙的引擎（在他之後的登月降落都是在落地前就把引擎關掉了），所以腳架並沒有縮得太嚴重。

阿姆斯壯了解此狀況，所以他下到梯子的最後一級時，就跳到腳架的墊盤上，那是墊在腳架下的大圓盤。他兩手

上圖：登月小艇的這扇艙門，在他們要出去時，竟然難打開。艾德林把艙門的左上角向下掰彎了一下，讓殘存的空氣釋放跑掉，這才把艙門打開。

下圖：狄克・史萊頓，太空飛行員辦公室主任，和保羅・哈尼，「任務管制之聲」，兩人正在商議事情；當時太空人們正在漫步月球。

艙門稍彎曲，讓殘留的空氣跑掉——可見艙門是多麼的薄——接著，艙門就旋開了。月球，一片明亮的灰白和淺棕，正在門外向他們招手。

雖然沒有阿姆斯壯本人從阿波羅 11 號登月小艇走下梯子的照片，這張皮特 · 康拉德（Pete Conrad）離開阿波羅 12 號登月小艇的照片，可以想見阿姆斯壯當時在月球上首度踏出歷史性腳步時的情況。

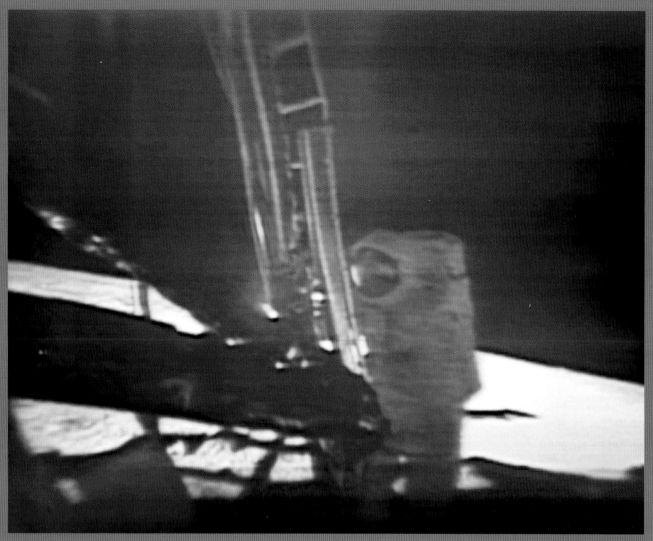

上圖：圖中是阿姆斯壯正要踏出登月小艇的腳墊，踩上月球表面。當時電視畫面的品質以今日的水準來看，實在是品質不佳。

右圖：阿姆斯壯在踏出月球的第一步前，他先試著從登陸腳上跳回梯子的最後一級，以確認他回去時能上得去梯子。因為登月小艇的腳架在著陸時並沒有如預期的摺縮許多，因此，梯子的最後一級距離登陸腳圓墊還有 32 英寸（81 公分）的差距。

仍緊緊握住梯子兩邊，然後又用力把自己的身體往上拉，以確認他的腳還能搆得著梯子最底下的一級。

「好了，我剛確認過，回頭我確實能上得了梯子，巴茲，」他說。「支腳沒有縮得太厲害，不過這個高度，還是能回得去。」

確認好了這件事，他又把身體降了下來，再一次站在墊盤上。偉大的時刻要來臨了。

在他準備要踏上月球表面前，他要先向任務管制中心報告腳架的位置和狀況，以減輕他們對於登月小艇穩定度的擔憂——有人一直擔心降落之後登月小艇會移位。月球表面動力學的特性還有許多未知的部分。「我已經下來到

這是一部黑白電視攝影機，它就藏在登月小艇側邊一片面板裡，阿姆斯壯在走下梯子前，他先猛拉一根手把，這才使這部攝影機露出來。

梯子下面了。登月小艇的腳墊大概只下陷了 1 到 2 英吋（2.5 到 5 公分），雖然月球表面土壤的顆粒看起來非常非常的細，你如靠近觀察就看得出。簡直就跟粉末一樣。〔這片〕土壤質地非常細，阿姆斯壯說。接著，下一秒鐘，他說，「現在，我要踏出登月小艇了。」

## 「壯麗的荒涼」（MAGNIFICENT DESOLATION）

在任務管制中心裡的每雙眼睛，還有全世界看得到電視的人們，全都緊盯著螢幕。沒有電視可看的人，就守在收音機旁，任自己的想像力飛到廿四萬英里（三十八萬六千公里）以外空無一物的月球。

阿姆斯壯邁開了腳步。「這是（個）人的一小步……人類的一大步。」

所有的記者都在筆記本上寫下了這句話，然後衝到付費電話亭去向報社回報「從月球傳來的第一句話。」其他人呆坐在位子上，有人拿筆隨手記下了這句名言。

「月球表面質地細緻，如粉末一般，」阿姆斯壯說。「我的腳輕輕一踩，它就到處飛揚。它們的確會沾在我鞋底和鞋邊上，像碳粉一樣，細細的，好幾層。我只踩了不到一英吋深，也許只有八分之一英吋〔三毫米〕，我的腳印就清楚出現了，靴底的紋路，就留在細沙一般的月球表面。」

艾德林接著把一台照相機放下來交給阿姆斯壯，這樣他就可以拍下降落地點的全貌。他們利用像晾衣繩般的裝置來傳送這台相機——它正式的名稱叫月球設備傳送器（Lunar Equipment Conveyor，簡稱 LEC），但是太空人們都直接叫它「晾衣繩」。阿姆斯壯拿到照相機後，馬上就照了一張環繞他四周的全景照片。

他這舉動，在任務管制中心這邊引起了小小不解。原本，登陸月球後預定要做的第一項工作是，阿姆斯壯要從他所在的地方採集一把月球的土壤，他們稱之為 **應急樣本**（*contingency sample*）——他必須儘快取得，以免萬一他們因某種理由，必須緊急離開月球。要是他們千里迢迢來到月球，卻宣布要緊急回航，而沒有從費盡千辛萬苦才抵達的月球至少帶回一小件樣本，那就真的太丟臉了。

但是阿姆斯壯有他先拍照片的理由，——登月小艇現在所在的位置正好在陰暗的影這一邊，他要趁這個時候利用這樣的光線才好拍照。休士頓並不明白阿姆斯壯的用意，催促他要儘快取得樣本。「收到，」阿姆斯壯回答道，「我很快就會去取樣本，先讓我把這些照片……照好。」

不消幾分鐘，他已經在一把鏟子上裝好了把柄，剷起

這是一幅藝術家創作的假想畫，當阿姆斯壯在月球上踏
出第一步時，如果有人在現場拍攝的話，應該就是會拍
到這樣的畫面。

這是阿姆斯壯在月球漫步時所拍下的第一張照片。地上的那個白色布袋子,那是從模組化設備裝載間(Modular Equipment Stowage Assembly,簡稱MESA)拿出來的袋子;MESA 是登月小艇側邊隔開的一個儲藏空間。(譯註:MESA 裡,置放了所有太空人工作所需要的工具,如:地面挖掘工具、樣品採集盒,還在它的面板內側裝有電視攝影機。)

一些土,裝進小袋子裡,再把小袋子塞進他的口袋裡。他之所以需要在鏟子上加根把柄,是因為太空人穿上了笨重的太空衣,行動受到束縛,他們絕對沒辦法彎下腰來撿起地面上的任何東西。

「我會在這裡找找石頭。就幾塊。」阿姆斯壯說。

幾分鐘過後,艾德林也來到了梯子下方。當他踏出圓腳墊,注視著月球景觀,他簡直看呆了。

「真是漂亮啊!」他說。

「真是不錯吧?」阿姆斯壯回答他。「來這裡看,真是壯觀啊。」

艾德林停頓了一下,然後說出了他的名言,那可能是對蒼涼的月球表面最深刻的形容。就這麼簡單的一句話,一點也沒有添加戲劇效果——根本也不用。「**壯麗的荒涼**(magnificent desolation),」他說,如夢囈般。

當時估計全球有六億人在收看登月實況,幾乎都不敢相信。兩位美國人來到地圖以外的世界探險,正勇敢地在做原本被認為不可能的事情。

右圖：阿姆斯壯在登月小艇的梯子上。這張是從澳洲接收站的螢幕上拍到的畫面。在所有電視轉播中，它是屬於畫質最好的照片。美國加州戈德斯通的圓盤天線（the Goldstone radio dish）和澳洲的金銀花溪接收站（Honeysuckle Creek station）都有接收到太空傳來的影像，但是澳洲收到的畫面要清楚多了。

下圖：阿姆斯壯下了梯子，一踏到月球表面他就先拿起相機來拍照，艾德林此時還在登月小艇裡面等著。這個畫面是從登月小艇窗戶上的一部十六毫米攝影機拍攝所得。這是阿姆斯壯難得被拍到的照片中很獨特的一張——他很少有艾德林幫他拍的照片—他頭盔裡金色的護目片窗打開了，因此我們可以看到他的臉。

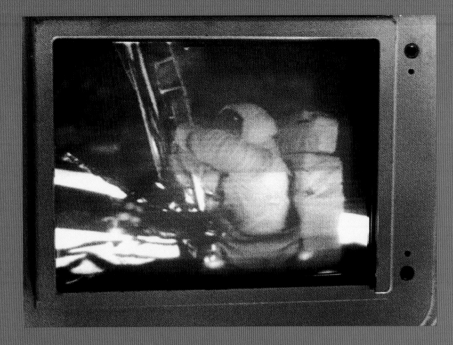

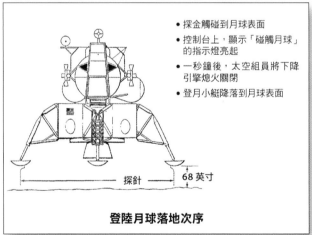

- 探金觸碰到月球表面
- 控制台上,顯示「碰觸月球」的指示燈亮起
- 一秒鐘後,太空組員將下降引擎熄火關閉
- 登月小艇降落到月球表面

探針　68 英寸

**登陸月球落地次序**

上圖:艾德林就要走下梯子了。他很快就要轉過身來看見月球的荒涼。

下圖:登月小艇最後的輪廓。它長得真的好像得了俗稱豬頭皮的腮腺炎。

次頁:阿姆斯壯在練習從登月小艇的梯子上走上去,他要知道身上的太空衣是否能讓他夠靈活、能夠踩上梯子最底下的那一階。

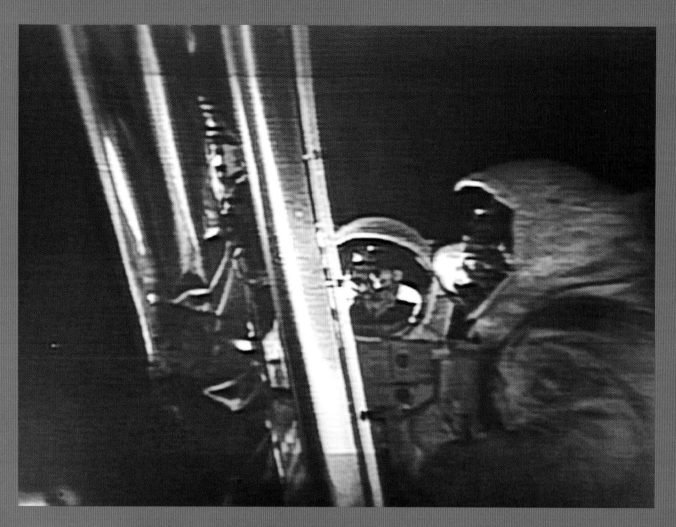

上圖：阿姆斯壯和艾德林在朗讀登月小艇上紀念牌所刻寫的題辭。結尾的最後一句是，「我們為全人類和平而來。」（We came in peace for all mankind.）

左圖：這是阿波羅 11 號的金屬紀念牌和它的保護蓋，之後它們就會被固定在登月小艇的前腳架上。

左圖：這是任務管制中心所看到的月球表面畫面；當時阿姆斯壯和艾德林正在月球表面探險。

上圖：阿姆斯壯和艾德林在月球表面將美國國旗升起。這是登月小艇裡面一架拍攝中的十六毫米攝影機所捕捉到的畫面。所有照片資料中，這是唯一一張我們同時看到兩位太空人在月球上工作的照片。

們花了一點時間去適應在月球環境中移動。「因為引力變小，體重就變輕，但是身體質量未變，」艾德林後來提到這件事。[60]「當你要移動，或跳上跳下時，都要很小心。」最後，經過幾次實驗，艾德林終於找出在月球表面最有效率的移動方式，也就是大家戲稱的「月球兔子跳」（lunar bunny hop）。

艾德林把他的觀察結果向任務管制中心轉報。「你想往哪裡去，一定要非常小心地朝著你要前往的方向，否則，你會〔看起來〕有點像是一個喝醉酒的人在走路。……換句話說，你在移動時，一定要大步的把你的腳跨出去，踩在你身體重心所在的下方，」他這麼說道。

這時，阿姆斯壯走到登月小艇的梯子下方，他要舉行一個簡單儀式，為一塊紀念銘板做揭幕儀式；這塊銘板安放在登月小艇的前腳架上。艾德林也過來加入，阿姆斯壯把板上的銘文唸了出來。

「我們要為沒有見過這塊銘板的人唸出上面所刻的銘文；這塊銘板就掛在登月小艇前腳架上。首先，這裡有兩個圓，代表地球的（東西）兩半球。下方刻著，『從行星地球來的人首次到達月球，西元一九六九年七月。我們代

## 開始工作

阿姆斯壯和艾德林只有兩小時多的時間可以在月球表面上進行初步的勘察。光這一點時間，就算再乘上十倍也不夠。在他們之後的幾次月球探險任務中，月球漫步這項活動都會被安排二次，後來增加到三次，太空人們還會攜帶電動月球車——月球漫遊車（Lunar Roving Vehicle）——擴大他們探勘的範圍。但是太空總署刻意要讓第一次的任務簡單，所以時間就非常寶貴。

阿姆斯壯和艾德林必須趕緊動手進行他們的工作。他

上圖：阿姆斯壯和艾德林在月球上升起國旗的電視畫面。

次頁：艾德林架設起了太陽風實驗器材。這個實驗基本上就是在艾德林和阿姆斯壯停留在月球表面這二個多小時的時間當中，利用一片鋁箔來收集太陽的幅射微粒。

表人類為和平而來。」底下還刻上了全體太空組員的簽名，還有美國總統的簽名。」

揭幕儀式結束後，他們兩人開始操作放在三腳架上的電視攝影機，攝影機擺在一個用廣角鏡須可清楚拍攝到他們活動的位置。阿姆斯壯，好奇心重的他，覺得好像看到一個小隕石坑底部有玻璃，以致分心，可是艾德林一直在催促他把攝影機擺好，他一直推送電線給阿姆斯壯。阿姆斯壯後來試著去找他以為瞥見的玻璃，可是什麼也沒找到。

攝影機架設好了之後，艾德林繼續部署一個太陽風收集器（Solar Wind Collector），那是一片用框架支撐起來的鋁箔片。當他們在月球表面工作時放在某處，收集太陽來的離子（ions streaming from sun）。月球沒有像地球一樣的大氣層，也超過我們行星磁圈的保護，這項實驗會是第一次物質暴露在原始太陽輻射能下的物理證據（再加上從太空裝和指揮艙外殼；但是後者會在重返地球時燃燒殆盡）。

幾分鐘過後，他們已經把美國國旗插在月球上面了。在月球上的每一時刻都是珍貴無比，他們要儘快在這個既新鮮又陌生的環境裡完成許多工作。他們插上的這面國旗是尼龍材質，懸掛在一個金屬橫桿上，橫桿以鉸練與金屬旗桿相接，因為月球上沒有大氣層，這是唯一讓國旗可以有「飄揚狀」的辦法。這根橫桿當時並沒有如它所設計的完全伸展到位，但是一般人幾乎都沒有注意到。兩位太空人盡可能用力把旗子插入土裏，可是旗桿還是有些搖晃。這面國旗，最後還是會在登月小艇離開時被噴射氣流吹倒在地，但至少在太空人進行月球漫步期間，它還是挺立在月球上足夠長的時間，獲得兩位太空人向它的致敬。

他們兩人在月球上又繼續工作了一會兒，此時，任務管制中心呼叫他們，請他們回到國旗旁邊。「尼爾和巴茲，」太空艙通訊員說，「美國總統在他的辦公室裡，他想跟你們兩位說幾句話。完畢。」

### 在月球上講電話

阿姆斯壯回答，「真是榮幸之至。」

尼克森總統在線上。此時，在電視轉播的畫面上，觀眾們可以看到總統尼克森與太空漫步的兩位太空人同框——尼克森在白宮辦公室裡講電話，他在跟月球上的太空人通話。這個畫面是超現實及愛國心二者兼具。

尼克森開口就是他獨具特色的親切語調。「嗨，尼爾和巴茲。我正在白宮橢圓型辦公室裡跟你們通話，這絕對是最歷史性的一通電話。我無法言語形容我們大家對你們所做的一切是多麼的驕傲。對所有美國人而言，今天是我們這一輩子最驕傲的一天。對全世界的人而言，他們也會跟美國人一樣，認同這是一項偉大的功績。因為你們所做的事，天空已經成為人類世界的一部分。正如你們剛才在寧靜海對我們唸出來的那段話，那些話鼓舞我們今後更要加倍努力，努力為地球帶來和平和寧靜。值此人類史上最珍貴的一刻，全地球上的人們都成為一體，一致為你們所的事感到驕傲，我們也一致禱告你們能平安返回地球。」

電話那頭沉默了好長一段時間，然後聽到阿姆斯壯回答，「謝謝你，總統先生。這真是我們莫大的殊榮和恩典，得以來到月球上。我們在此，不僅代表美國人，同時也代表世界各國愛好和平的人，以及對未來有著關心、好奇，還有遠見的人。今天，我們能參與這項盛會，感到非常的榮幸。」再一次，整個地球，不論男女老少，當下都凝聚在這個美妙的時刻裡。

接著他們又立刻回頭繼續他們在月球上的工作。剛剛那通電話大概講了一分鐘又十五秒，以「月球時間」來計費的話，那可是花費了好幾百萬美元。有人質疑，如果總統先生能夠等太空人回到登月小艇裡面，屆時再打這通電話會不會更有意義，可是，這樣就會失去拍到美國太空人站在美國國旗旁邊一起上鏡頭的機會了。

就在一年過後，尼克森政府宣布取消阿波羅 18 號、19 號和 20 號飛行計劃，而這些計劃要用的硬體設備都已經建造完成了。這批造好的火箭和太空船，不是送到博物館，就是變更用途，作為太空實驗室計劃（Skylab）（譯註：美國太空實驗室計劃是美國太空總署於西元 1973 年至 1979 年進行的首次太空站計劃。1973 年到 1974 年間，曾經有三批太空人進到太空站內進行實驗），或是阿波羅的天鵝絕唱，阿波羅－聯盟號測試計劃使用（Apollo-Soyuz Test Project）（譯註：西元 1975 年 7 月，美國和蘇聯第一次舉行聯合太空飛行，是兩個超級大國當時追求關係和緩的象徵。該計劃是由阿波羅太空船和蘇聯聯盟號十九號太空船在太空中對接）。但是，至少，在登月成功的這一天，美國太空總署已經經歷了它最美好的時光。

在跟總統講完電話後，阿姆斯壯開始到登月小艇較遠處走走，去搜集一些石塊和土壤。他要搜集所謂的**全樣本**（*bulk sample*），避開可能被火箭尾焰污染或是被引擎廢氣干擾的區域。依照阿姆斯壯的估算，他跑了十幾個地方去找各種具有代表性的樣本，然後帶回登月小艇。就如他在任務簡報中所說，「我來來回大概跑了廿趟，從有陽光照射的地方到陰暗的地方都去了。我花了比較多的時間在做這事，才能同時收集到堅硬的石塊和每一鏟幾乎都快裝滿的基質〔土壤〕。……這比我們平常一般在搜集全樣本時用了將近二倍的時間。」

李・西爾弗（Lee Silver），是一位加州理工學院的地質學教授，他應聘前來太空總署指導太空人們採集地質樣本，他對阿姆斯壯所做的事印象深刻。「尼爾在最短的時間內，就做了比別人還棒的事，從他所提供給科學家們的研究材料這一點來看，沒人敢說有辦法超過他平均每分鐘的產

理查・尼克森總統在阿姆斯壯和艾德林月球上探勘的休息時刻和他們通電話。約翰・費茲傑羅・甘迺迪總統遺留下來的夢想在尼克森總統時代實現。

艾德林圍繞著登月小艇拍照片，以記錄登月小艇的狀況，登月小艇圓滿降落月表而無恙。

值。他真是非常傑出。」阿姆斯壯之所以能這麼令西爾弗
感動，有部分的原因是，阿姆斯壯其實是在違反任務規定
情況下盡可能去採集到最好的樣本。太空總署有給他「一
個很嚴格的規定，」西爾弗說，「那就是，『你不可以離
開〔電視〕攝影機的拍攝範圍。』可是尼爾‧阿姆斯壯發
現，在攝影機視野之外，有一個隕石坑的邊緣，覆蓋著石
塊和塵土，跟別的地方比起來，可以挖得比較深，而且，

他有一個非常特別的盒子，能把好樣本密封帶回來。所以，
大概有七到八分鐘的時間，你在鏡頭上看不到尼爾。」[61]

在此同時，艾德林繞著登月小艇拍照，同時也是檢查
登月小艇，看看它在登陸時是否有受到任何損傷。他發現，
除了在操控推進器的焰柱導流板（the plume deflectors）金
屬片有些皺痕外，一切看起來都狀況良好。「我看過了登
月小艇，並沒有發現什麼異常，」他說。他一邊看著操控

艾德林正在安置早期阿波羅月球表面實驗包（Early Apollo Scientific Experiment Package）。

推進器，就是所謂的「四胞推進器」（*quads*）反作用控制系統（譯註：用來控制太空船的速度和旋轉），一邊說明，「這些四胞推進器的狀況也不錯。主要和次要的支柱也不錯。天線也都在定位。我看不出登月小艇下方有任何問題，並沒有因為引擎的排氣或排水對它造成任何傷害。」登月小艇證明了自己是一艘結實的太空船。現在它唯一的任務就是要把太空人們送回月球軌道上的指揮艙，好讓他們能回家去。

接下來，他們要做的一件工作是，要在月球表面安置一個實驗套組，這個實驗套組要永遠留在月球上，它的名稱叫做早期阿波羅月球表面實驗包（Early Apollo Scientific

Experiment Package，簡稱 EASEP）。這個實驗包只是個初期品，之後阿波羅任務裡所帶來的就會是比較精良的實驗包——後期的實驗包是使用核子動力，而早期的實驗包只是用兩片太陽能板當它的動力來源。實驗包裡包括了一部地震儀用來測量「月震」（Moonquakes），一個月塵探測器，還有一個用來跟地球連繫的無線電。他們在附近也安置了另一個實驗器材，它叫做雷射測距逆向反射器（the Laser Ranging Retro Reflector，簡稱 LRRR）。這是一個精心設計的盒子，裡面放了多面鏡子，當從地球發射的雷射光束照射到這盒子時，反射的光束會循完全同樣的路徑返回地球。用這個方法，天文科學家就可以知道地球與月球的距離，

上圖：阿波羅 11 號放置在月球表面上的雷射測距逆向反射器（Laser Ranging Retro Reflector，簡稱 LRRR），至今仍能工作。

左圖：這是一張合成的阿波羅 11 號登月小艇照片。我們從照片中可以看到艾德林正準備要從梯子下來。

誤差只有幾英吋。這項裝置至今還在月球上，也仍然還在運作。而那個早期實驗包，大概只運作了一個月左右時間。

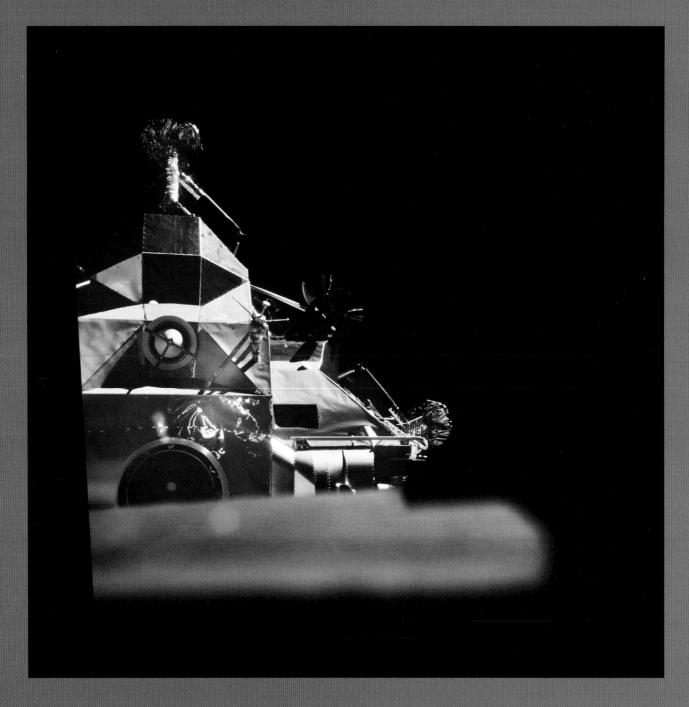

　　這是從指揮艙窗戶看出去，正好看到登月小艇與指揮艙解除對接時的畫面；這是一張合成照片。照片左下方看到的是登月小艇頂端的艙門；左邊中間是對接目標，那是指揮艙在操作對接時所要瞄準的對象。對接目標右邊，有個細長的突出物，那是極高頻（Very High Frequency，簡稱VHF）天線，太空人用它和指揮艙連絡。在兩艘太空船對接以及登月小艇下降到月球表面的過程中它極為重要，當時高增益天線（high-gain antenna）出了狀況。登月小艇的左登陸腳（從飛行員的視角看）是在照片的最上方，緊接在它下方那一黑一灰的面板是燃料槽，供應登月小艇上升艙的上升推進系統（Ascent Propulsion System，簡稱APS）使用。右下方（就在失焦部分的上面），那看起來管道狀的結構就是前方船員艙的頂部，它位在艙門口上面；太空人們就是從這個艙門口出去，然後踏上月球表面。

　　這是運用現代數位科技合成的一張三百六十度全景照片，照片裡是阿波羅 11 號在月球上的降落點。跟後來許多阿波羅的降落點比較確實是相對平坦。降落地點的崎嶇成為首次登月的一大挑戰，從這張照片裡可是看得一清二楚工程師們一直很擔心，月球表面上的一塊大石頭、一個小殞石坑，或僅是一個高度超過一、兩英尺的小丘，都很有可能使登月小艇的上升艙在離地升空時發生困難。畢竟，在第一次登月任務中，小心謹慎是必要的箴言。

### 令人洩氣的時刻

就在艾德林完成安置實驗包時，阿姆斯壯則是到附近去觀察一些巨大的石塊，並且拍下照片。他留意到月球表面的石塊上有很多細微的小凹洞，那是微隕石撞擊的結果，後來的月球漫步者稱它們是「沖擊坑」（zap pits）。

艾德林一直努力想要把實驗包擺放到儘量水平的位置──實驗包裡面有一個有透明蓋子的小杯子，杯子裡有一顆金屬珠，如果擺放的位置很平的話，珠子應該是要滾到杯子的中心點。艾德林發誓，這個杯子一定在發射之後不知什麼時間自己就顛倒過來了。他浪費太多時間卻根本沒辦法把它擺到水平位置；那顆小珠子就是不聽使喚地在杯子的外緣滾來滾去。艾德林好洩氣，他用無線電與休士頓講話。

「休士頓，我覺得，要用這個水平裝置找到一個真正水平的位置是不可能的事。這個杯子，還有裡面的 BB 彈（譯註：軸承滾珠；bearing ball），在我看來，這杯子已經是凸起來了，並沒有凹下去。完畢。」太空艙通訊員回答他，「收到，11 號。加油。如果你用肉眼覺得它已經是水平了，就接著繼續吧。」

艾德林於是開始裝設實驗包的太陽板，準備進行檢查表上的下一個項目。就在這個時候，兩位太空人都接收到通知，提醒他們停留的時間不多了──太空艙通訊員告訴

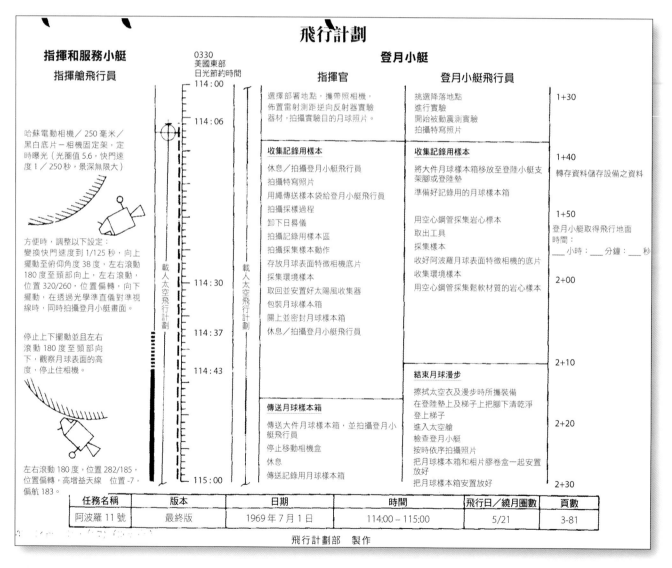

此為阿波羅 11 號的飛行計劃，上面記錄著阿波羅 11 號太空人要在月球表面進行的各項活動。請注意右下方，上面指示太空人，他們要在二小時二十分（2+20）的時候回到登月小艇上──任務管制中心到最後又多給了他們一點時間進行探索。

在這個模糊的電視影像中，我們可以看到艾德林是朝向左方登月小艇跑了過去。

他們已經出來在月球表面二小時又十二分鐘，離預計停留在月球表面活動的時間只剩下幾分鐘了。休士頓委婉地催促說，他們可以比預計時間再額外多十五分鐘，讓他們去儘量完成手上的工作。「好的。應該沒問題。」阿姆斯壯說。

休士頓請他提供一張實驗包裡那個有問題的水平裝置的照片，因為當時阿姆斯壯所在的位置離得比較近，唯一的照相機又在他手上，於是他自告奮勇前去拍照。

「哎呀！快來看？那顆鋼珠正好就在杯子正中心。」阿姆斯壯一到那裏就喊了出來。有點懊惱的艾德林回答他，「很好啊，趕快拍下來，免得它又跑掉了！」

阿姆斯壯手上還有一些清單上的石塊和土壤要收集，稱為**記錄樣本**（documented sample）。為了蒐集記錄樣本，他要拍照，還要標示他採集到的每個樣本，等這些樣本回到地球後，提供這些樣本的環境資料給地質學家們。到了這個時候，兩位太空人不再用走或是用跳的了，他們直接在月球上跑了起來，要趕緊去完成他們的工作。在他們跑來跑去時，他們的靴子佈滿了月球上的塵土。

這時候，艾德林從登月小艇上抓了幾件工具要去採集岩心標本（core sample）。他要把一根空心的管子打進月球表面下，再把管子拔出來，藉此把月球深部的歷史挖掘出來。但是地底比他們預期的還硬；艾德林拼命想打到他們預計要的深度。「我希望你們都看到了，休士頓，我是多麼用力的要把它打進地下，要打到地下五英吋〔十三公分〕，」艾德林一邊說，一邊還繼續用力重敲取樣管。取樣進行到快結束時，艾德林已經是把地質錘舉到跟他頭盔一樣的高度了，想用足夠的力氣把管子打得更深一點。

「我發覺，那麼做一點兒幫助也沒有，管子並沒有下去得更深，」艾德林後來說道，「我從開始就一次比一次更用力地敲它，設法打進地下二英吋〔五公分〕多一點。我發現，在我重重敲打之後，要是我把扶著管子的手鬆開，那管子好像就會倒下來。它沒有保持在原來敲下去的地方。這事就更難辦了，因為你又不能退回來，那就讓它真正得

逞了。……我就使勁用錘子敲它，用我最大力氣在安全範圍內拼命敲它。」[62] 採集岩心樣本一直都使後來到月球出任務的阿波羅組員們頭痛，即使加了電動鑽探工具也一樣。

艾德林奮力要把鑽探岩心標本的鋼管打到月球表面底下夠深的地方，以便採取月球表面下的土壤。

## 總之就是時間不夠

然後，就在他們才剛開始覺得在月球上工作順手的時候，休士頓又傳來消息，再一次提醒他們時間不多了。「尼爾，這裡是休士頓。我們要你們帶回兩根岩心樣本和太陽風的實驗就好；兩根岩心樣本和太陽風。完畢。」這個指示是要他們趕快去收拾好必須要帶回地球的東西。阿姆斯壯只是簡短生硬地應了一句「收到。」

太空艙通訊員又追加一句，「巴茲，這裡是休士頓。你們只剩下大概三分鐘時間，然後就必須要進行艙外活動的結束步驟。完畢。」艾德林回報收到了。

阿姆斯壯體認許多月球上可以做的探測工作，他認為，他們當時所完成的，可謂屈指可數。「給我們的時間實在是太短了，不夠讓我們完成當時就很想完成的各式各樣的工作。在巴茲的窗外，〔那兒有〕一片巨石區，有幾塊岩石大概是三到四英尺（一公尺）大小──像極了是月球的基岩，若是能到那裡去採集一些樣本帶回來，應該會是很有意義的。我們碰到的問題就像是一個五歲的孩子進到一家糖果店裡。那裡有太多好玩的事情可以做。」[63]

儘管萬般不願意，兩位太空人還是得收工，準備結束人類首次在月球上進行的探險。他們倆把收集到的石塊和土壤集中起來，把太空裝上的塵土儘量拍乾淨，然後由艾德林先爬上梯子。

這時候，麥可・柯林斯，一直在他們頭頂的月球軌道上，聽著從休士頓傳來的部份的太空漫步對話，做他該做的實驗，並拍下月球表面的照片。他花了好幾個小時一直試著要用艙裡的飛行望遠鏡找到登月小艇，但是都沒找到，所以他就去忙他計畫表裡的例行工作。他很高興任務管制中心告訴他第一道發射到月球雷射測距逆向反射器的雷射光已經發射成功了。他聽了非常興奮。不過，歷史學家後來認定，事實上第一次準確反射回來的雷射光束是在一個月後，也就是在八月才收到，但是不論是什麼情況，此消息，使柯林斯覺得未被冷落。

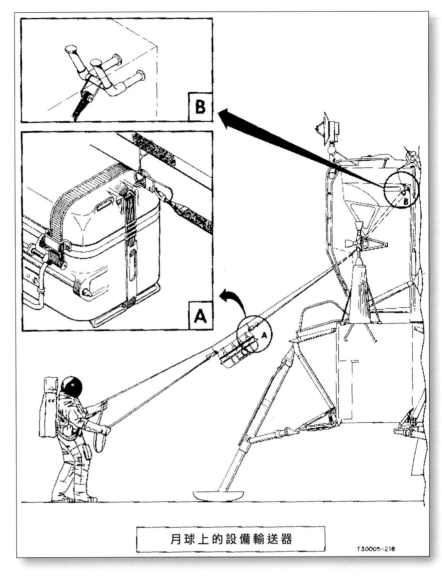

這是月球上的設備輸送器示意圖，太空人們戲稱它是「晾衣繩」。它在月球上比起在地球上練習時更難用。

艾德林一回到登月小艇上，阿姆斯壯馬上就又用晾衣繩把採集到的月球樣本向上輸送到艙門口。這是個挑戰性很高的工作，就算是在引力比較小的月球上操作也一樣。這套輸送系統有點不聽使喚，時常停滯不動──它顯然是不曾在月球環境中測試過──當艾德林把樣本從它上面卸下來的時候，它還噴得整個登月小艇裡面到處都是塵土。

把樣本輸送完畢後，阿姆斯壯走向了梯子。等他上到了艙門口，艾德林前來幫忙他進到艙裡面去──這是個複雜的動作，艾德林剛剛才在無人幫忙的情況下領教過它。「儘量把你的頭保持低下。現在開始拱起你的背。很好。

空間大得很。現在可以了，很好，背再拱起來一點……。向右邊翻滾一點點。頭低下。」艾德林說。

從他們剛才打開艙門到現在，正好過了二個半小時，如今他們又把艙門關上了。「好，艙門已關、鎖住，確認無誤，」阿姆斯壯說。

### 待在月球上的最後時光

在登月小艇艙裡用氧氣加壓時，兩位太空人笑出聲來，他們注意到，他們的壓力衣並沒有著火燃燒。早在他們離開地球之前，有位康乃爾大學的物理學家，湯瑪斯·戈爾德（Thomas Gold），提出月球上的塵土很可能會在遇到氧氣時燃燒起來。他也提到，月球上覆蓋著極厚的塵土，登月小艇的重量有可能在著陸時就陷落下去，不見踪影。戈爾德從 1950 年代後期就參與擬訂太空總署的飛行計劃，還設計了阿波羅飛行計劃裡所使用的月球表面特徵相機，所以，他的意見在太空總署裡算是有些份量的——雖然少有人很嚴肅地看待他的意見。到最後，他提出來的假設，沒有一個是正確的。只不過，太空人們倒是注意到了月球塵土的味道——最後留在登月小艇內部的那些細塵——有個特殊的味道，艾德林說它聞起來像是用過的火藥味。

阿姆斯壯和艾德林大約還有十三個小時，可以吃東西、休息，恢復體力，並做出發準備。艾德林在登月小艇裡從

這是艾德林從登月小艇上往窗外拍攝到的照片，在月球漫步後。注意照片中留在地上的那些腳印，它們會留在該處長達億萬年之久。

阿姆斯壯在完成月球漫步後，開心露出滿臉笑容。這是艾德林難得幫他拍到的照片，因為在整個月球漫步過程中，相機大部份時間是在阿姆斯壯手上。

巴茲‧艾德林在月球漫步後，看似疲憊但是一副很滿足的表情。

他的窗戶向外拍了一張下方工作區域的照片。「呼叫休士頓，這裡是寧靜海基地。我們正在把手上的底片用完。」艾德林把剩餘的底片都拍完了。

他們短暫休息了一下，然後脫下頭盔和手套，這樣，他們就可以吃東西了。月球表面上的菜單有燉牛肉（脫水的）、培根粒、桃子、咖啡、椰棗蛋糕，等等。

過了不久，他們又把身上的太空衣接上登月小艇的維生系統，重新穿戴起頭盔和手套，把登月小艇減壓，重新打開艙門，然後把完成接下來任務用不到的東西統統丟到外面去。可攜式維生系統背包，丟出去；好幾台昂貴的哈蘇相機（Hasselblad cameras），丟出去（地球上有人抱怨這一點，因為哈蘇相機實在太貴了，可是跟維生系統背包，以及其它丟棄掉的硬體裝備比起來，這還只能算是小意思）；那些沒有用螺栓固定的東西，對上升沒有用的東西，統統丟出去。一時間，登月小艇所在的基地看起來好像變成一座垃圾場。

再把艙門關上時，他們兩人又再經歷一次艙內加壓，然後就準備要休息；儘可能地好好休息一下。阿姆斯壯很快地就進入淺眠，可是艾德林的位置比較靠近登月小艇上的一個幫浦，那噪音使他很難入睡。距離他們要上升離開月球只剩幾個小時了，他們必須要儘量保持十分機靈，才能確保任務成功。

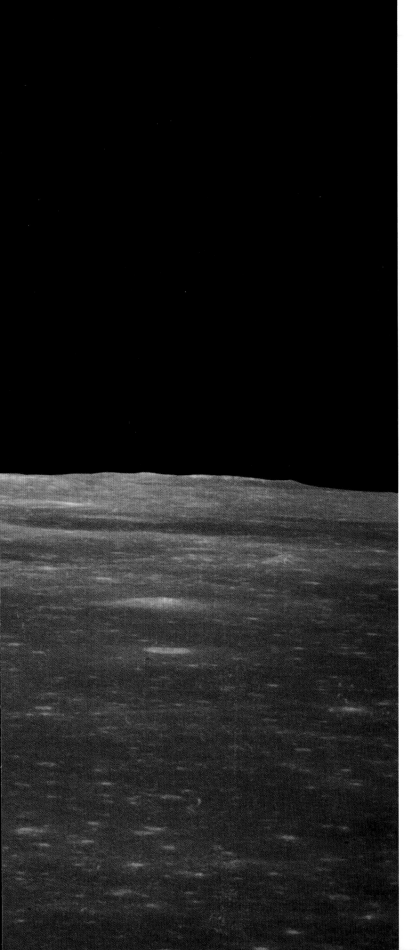

## 只有一次活命的機會

八個小時後，阿姆斯壯和艾德林忙著準備要離開月球。他們的休息都斷斷續續的，因為他們兩人都急著要趕快完成任務。有項工作不在他們上升前的檢查表中，卻是在執行檢查時發現的，那就是有一個斷路器的開關斷掉了，那是在好幾個小時前，阿姆斯壯在離開登月小艇時不小心碰斷的。這個斷路器必須要接通才能發動上升引擎，而發現到它被折斷了，這件事想當然會在任務管制中心引起某程度的驚惶。很快的，地面上的一群技術人員就想出了解決辦法，他們教這兩位太空人如何可以不用斷路器而發動引擎。不過，到最後，講求動手實作的艾德林只用一支氈尖筆（麥克筆）的筆尖擠進斷路器裡就把它接通。上升引擎可以發動，他們只花了大約三十分美金就把這件事解決了。

## 再見了，月亮

檢查表，檢查完畢，（斷掉的開關已修復）登月小艇準備好可以啟程，這兩位搭檔要離開月球了。自從發射升空執行任務以來，已經過了 124 小時，又 21 分鐘。艾德林開始倒數計時：「9、8、7、6、5，下降艙脫離，引擎啟動，上升，出發。」阿姆斯壯在電腦上輸入指令，使他們下方的少量炸藥炸開氦氣罐的閥門，讓壓縮的氣體將化學燃料送進上升引擎裡作用以完成發動作業。截斷器裝置切斷了連接上升艙和下降艙之間的導線束，螺栓被炸藥切斷。兩位太空人在上升艙向上彈起時，兩人都同時鬆了一口氣。

當**老鷹號**迅速上升飛向月球軌道要與柯林斯會合時，艾德林往窗外望了一會兒。「我們正離開。看那些到處亂飄的東西，」他指的是下降艙體外包覆的美拉隔熱薄膜，在他們離開時散落成滿地的碎片。「看那影子。真漂亮。」

阿姆斯壯回答他說，「**老鷹**展翅了。」

他們兩人都看到國旗被上升引擎的強勁氣流吹倒，可是他們都沒有在無線電上講這件事。登月小艇順利飛到月球天上，只是感到有一點顛簸——燃料是裝在上升艙的兩邊，在燃料燃燒，油料箱變空，**老鷹號**就有點失去平衡的現象。

大約三小時過後，他們漸漸接近**哥倫比亞號**。當這兩艘太空船距離靠近，在對接之前，它們要一齊做最後一次的繞行到月球背面。任務管制中心的播報員說，「這裡是阿波羅管制中心；地面經過時間（ground elapsed time，簡

進入登月任務一百三十五個小時後，柯林斯點燃哥倫比亞號的引擎，太空船脫離了月球軌道，踏上返回地球的旅程。

159

稱 GET）是一二七小時，五十分鐘。不到一分鐘後，我們就會看到**哥倫比亞號**。距離它僅僅幾英尺的相信就是**老鷹號**。依照飛行計劃，十分鐘後就要進行對接。不過，這是交由飛行組員決定的事。我們就在此靜候兩艘太空船傳給我們的最新資訊。」

就在兩艘太空船互相靠近時，柯林斯不斷把飛行狀況提供給阿姆斯壯和艾德林。他引導著**老鷹號**做最後的幾個動作。「就這樣沒錯，繼續……再多靠過來一點……繼續，繼續……好，停。好了，搞定。」

阿姆斯壯告訴柯林斯他已經調整好了。「我不會再有任何動作了，麥可。我就讓她保持著姿態固定模式。」**老鷹號**一直保持著什麼動作也不做，只等著**哥倫比亞號**來接近它。

兩艘太空船對接後。柯林斯解開身上的安全帶，離開座位，往前漂移打開指揮艙的前艙口，解開對接探針——這一定要人工操作才行，然後阿姆斯壯和艾德林才能進到指揮艙來。

阿姆斯壯和艾德林兩人把裝了好幾箱月球樣本、膠卷盒，還有其它用具遞給了柯林斯。柯林斯把它們一一搬到**哥倫比亞號**的貯藏區放置好。二個小時過後，他們最後一次把**哥倫比亞號**的艙門關上，然後把**老鷹號**拋棄到太空裡。他們看著它緩緩在太空中漂走。柯林斯把技術數據向休士頓報告完畢後，看著**老鷹號**，簡單說了一句，「她走了。它真是部好機器。」

三位太空人又重逢了。柯林斯鬆了一口氣，他原先害怕他的太空夥伴無法成功回來團圓的擔憂，最後變成只是他在杞人憂天。

## ……再會了，老鷹號

回頭來看地球上的情況吧，湯姆‧凱利和他的格魯曼夥伴們都覺得心痛不捨。第一艘登上月球的登月小艇完成了它的使命，而且表現十分出色。解除對接，就表示這是這艘複雜精巧的太空船的最後一幕了，凱利感到再驕傲不過了。他稍後表示說，登月小艇對阿波羅計劃的貢獻「告訴了我們，在嚴苛的條件下，人類還是能夠在太空裡完成這麼多事。我們學到有關月球多到嚇人的知識，它真是個有趣的地方，這經驗也帶給我們一個想法，或許我們未來也一樣可以去別的星球探險……。我很高興參與製造了登月小艇，也真的很高興它表現得一如往常的好。」[64]

五個小時後，柯林斯在電腦裡設定點燃指揮艙的引擎好讓他們脫離月球軌道，開始踏上漫長的返家之路。三位太空人感到很輕鬆，開始打趣起即將要來臨的引擎點火。

一如以往，柯林斯帶頭開起玩笑來。「是的，我看到地平線了。看起來我們是在向前飛。」他們都笑了起來。「我們在向前飛，這是最重要的事。」柯林斯繼續說道。他指的是，在雙子星計劃裡，要把他們的速度減慢，以便能重返地球大氣層，在操作反向火箭時，太空船其實是向後飛的。不過，現在他們要確定他們在往前推進衝出月球軌道。

「在那裏，你什麼錯都可犯，就別犯那個要命的錯，」柯林斯笑著說。艾德林又追加一句，「雙子星反向火箭的精靈啊，你確定要我們——噢不，讓我們搞清楚究竟是怎麼回事——馬達朝這一邊，廢氣往那一邊泄出，結果，推力傳到另一邊去。」

這三個太空人，在確定完他們是在朝地球回航，他們已經踏上返家的旅程了。

前頁：柯林斯在對接前一刻拍下了這張作品，它很快就登上全世界的報紙和雜誌封面：在老鷹號背後，地球從月球表面升起。

# 第 12 章

# 平安返航

「全球就只剩四個國家——

中國大陸、北韓、北越以及阿爾巴尼亞——

還沒有對他們的人民報導你們的太空之行和登陸月球的新聞。」

——布魯斯 · 麥坎德利斯，阿波羅十一號太空艙通訊員

柯林斯坐回他的駕駛座上，他要做一些中段飛行路徑校正點火，確保他們飛在正確的航道上，完美地重返大氣層——只要有些微的失準，結果可能會使他們被大氣層彈開，或是切入的角度太陡，使他們承受致殘的加速度力，這些都會害他們喪命。

三位太空人執行任務已經經過 148 小時了。布魯斯·麥坎德利斯，他們的太空艙通訊員，為了稍微化解他們返航途中的無聊，告訴他們一些地球上發生的新聞。「從太空總署公共事務室得來的好消息，阿波羅 11 號一直是全球新聞關注的焦點。全球就只剩四個國家——中國大陸、北韓、北越以及阿爾巴尼亞——還沒有對他們的人民報導你們的太空之行和登陸月球的新聞。」他接著又說，「在越南的美軍廣播電視網則是全面都在報導這個太空任務。」麥坎德利斯又跟他們說了一些運動賽事的比數結果，然後又加一句，「馬里奧 · 安德烈蒂（Mario Andretti）在特倫頓 200 里（322 公里）賽道賽（the 200-mile Trenton Auto Race）贏得了冠軍，就在上週日，他現在已經是美國汽車俱樂部排行榜上積分領先的賽車手了。以上是今天下午在休士頓為您整理的早報新聞。完

畢。」

阿姆斯壯開玩笑地回答他說，「請順便幫我們看一下道瓊工業指數吧。」

**哥倫比亞號**繼續航行在月球與地球之間寧靜的大海中。

幾個小時過後，任務管制中心開始就他們從月球上採集到的樣本提出幾個問題來問他們。「關於記錄樣本的保存盒——從電視上看起來，那些樣本好像就是放在原先就預備好的盒子裡——那些盒子都是我們根據對岩石本身的想法或考量所準備的。但是我們很想知道，你們可否憑著記憶說說看，再多提供我們一些關於這些樣本的細節，像是樣本環境資料，或者，樣本取得的地點，那都是在月球表面上什麼樣的地方取得的，任何資料都好。完畢。」

前頁：太空船靠近地球時，太空人們可以清楚看到老家地球上的一些地形特徵。在這張照片中，出現在右下方的是位於東非的索馬利亞海岸線。

163

金・克蘭茲的白隊成員，就是這一組人員引導阿波羅 11 號降落到月球表面。理著小平頭的克蘭茲坐在隊伍中間，坐在他右手邊的是太空艙通訊員查理・杜克。

阿姆斯壯回答，「可以。你們應該記得我是從……登月小艇旁邊開始的，也就是電視攝影機裝設的地方，我從那裡的月球表面撿起了好幾塊岩石，還有從它表面下也撿了幾塊——距離就在登月小艇北方 15 到 20 英尺〔5 到 6 公尺〕處。那時候，我想起來，那個區域應該有被登月小艇下降時的排氣猛烈掃過，所以我就越過那個區域到登月小艇的另一邊，南邊，然後從那細長的雙隕石坑附近採集了幾個樣本；就是我們曾經討論過的那個雙隕石坑；我又去到它後方找到幾塊樣本。我儘量在我們短短有限的時間內找到儘量多不同類型的石塊，但我都是憑眼睛判斷。還有許多其它的樣本，是我稍早在登月小艇附近漫步時看到的，我原本希望可以回頭再來收集它們做成記錄樣本，但是後來我沒有拿。等我們將來作執行任務匯報會時，我可以詳細說明那些我看到卻沒有拿的那些樣本。」

麥坎德利斯說，「好的。謝謝你，尼爾。這些大概就

是目前我們手上所有的問題了。」等太空人們回到地球上，地質學家們肯定會有數不清的問題要問他們。

就在重返大氣層之前五個小時左右，太空艙通訊員換班，接手的是太空人榮恩・埃文斯（Ron Evans），他帶來另一段新聞報導——他說這叫**起床號**（*Morning Bugle*）。「尼克森總統正在從舊金山前來會見你們途中，在他登機之前，他打了電話給你們的妻子，她們都十分驚喜。他們全都被你們的電視轉播感動到了。珍和帕特是在任務管制中心看到電視轉播的。」（譯註：珍〔Jan Armstrong〕是阿姆斯壯當時的妻子，帕特〔Pat Collins〕是柯林斯的妻子。）埃文斯又接著說，「〔前太空人〕華利・舒拉（Wally Schirra）剛剛被選入底特律理工學院董事會，任期五年，他成了該校發展委員會的一員。加拿大航空說，在過去這五天裡，他們接到了二千三百張預訂要飛往月球的機票。可能有人會注意到，其中有一百張是男士們幫他們的丈母

娘訂的。最後，你們其實不算是扼殺月亮浪漫歌曲的殺手，反而是鼓舞了數百位詞曲作者。在田納西州的納什維爾，那裡應算是全國最大的唱片公司和歌曲發行公司聚集的城市，現在有新聞報導說，那裡快要被大量湧入的月亮歌曲給淹沒了。有的歌會大紅哦。本週銷售最佳的第一名歌曲是『在西元 2525 年』（In the Year 2525）（譯註：這首歌是美國流行搖滾二人組扎格和埃文斯（Zager and Evans）在西元 1968 年創作的熱門歌曲。從 1969 年 7 月 12 日開始，它在《告示牌》百大單曲榜（Billboard Hot 100）上連續六週排名第一。這首歌詞的內容從西元二五二五年唱到西元一萬年。到那時，地球上的人類已經滅絕了。但是，這首歌在結尾時指出，在星光閃耀的太空中的某個地方，歌曲中講述的場景可能才宛如昨日光景，一切才剛剛開始。）以上，**起床號**播放完畢。」

三位太空人向休士頓給他們的這些報導道謝，然後繼續為他們的重返大氣層做準備。他們正在以每小時低於一萬英里（一萬六千公里）的時速持續接近地球中。

## 重返大氣層以及回收

重返大氣層之前，柯林斯把太空船調轉到正確的方向，並且將服務艙從指揮艙釋放。出發時全長 363 英尺（111 公尺）高的農神火箭，最後就只剩下 13 英尺（4 公尺）高的**哥倫比亞號**會回到地球。再過幾分鐘，**哥倫比亞號**就要重返大氣層了。

**哥倫比亞號**切進大氣層裡的日期是 7 月 24 日。當時產生的高溫達到華氏 5000 度（攝氏 2760 度），**哥倫比亞號**艙身上有部份的防熱板一如設計的被燒掉了。這只是第三次太空船自月球返回，但是因速度遠高於從地球軌道返回的速度，因此它產生了更高的溫度。另一件讓任務管制中心的人等得緊張不安的是，因高溫和磁場作用，指揮艙周圍產生電漿雲（plasma cloud），會阻隔太空人在這段飛行期間與地面的通訊。

柯林斯回憶起這次的經歷，說它真是快要讓他瞎掉了：「光線強度突然大增，駕駛艙裡充滿驚人的純淨白光。……我們就好像身在一個超級巨大的電燈泡的中心，功率至少

柯林斯在回程途中對著電視攝影機做鬼臉。他在任務期間開始蓄起了鬍子。

有一百萬瓦。」[65]

所有身在太空船以外的人就只能靜靜等候。在太平洋上待命的太空船回收艦，艦上水手們都急切地望著天空，尋找即將飄落下來的三張降落傘；應該隨時會張開來，以減緩指揮艙下降的速度。時間分秒過去，每一秒鐘都是焦慮。

六分鐘過後，看到降落傘出現了。再過三分鐘，阿姆斯壯跟地面恢復了無線電通訊，他答覆任務管制中心的詢問──一切都很好。**哥倫比亞號**準時落到了水裡，直升機飛過來將回收潛水員放到海面上，他們迅速將浮筒安裝到太空船四周。阿波羅 11 號落水時，驟然隆起的海水把他們打翻了，他們呈現向下的「二號穩定位置」（Stable 2 position）（譯註：當阿波羅 11 號濺落海中時，它會呈現兩種穩定位置當中的一種：向上或是向下），此時，三位太空人全被安全帶綁著吊掛在他們的座位上。幾分鐘後，指揮艙前（鼻）艙的漂浮袋充氣完成，**哥倫比亞號**很快就改為直立在大海中。太空人們事先都先服用一些止吐藥──吃藥跟對抗暈船無關，而是要讓他們在穿著隔離生物污染衣的時候可以把嘴巴閉緊──嘔吐在隔離衣裡面，可是很可怕。

柯林斯用無線電通知太空船回收部隊，「這裡是阿波羅 11 號。請告訴大家，你們可以慢慢來，我們在這裡面還很好。」但是海軍的回收人員動作很快，他們一下子就來到三位太空人之所在。

幾分鐘後，艙門打開了，三套生物防護隔離衣丟進了

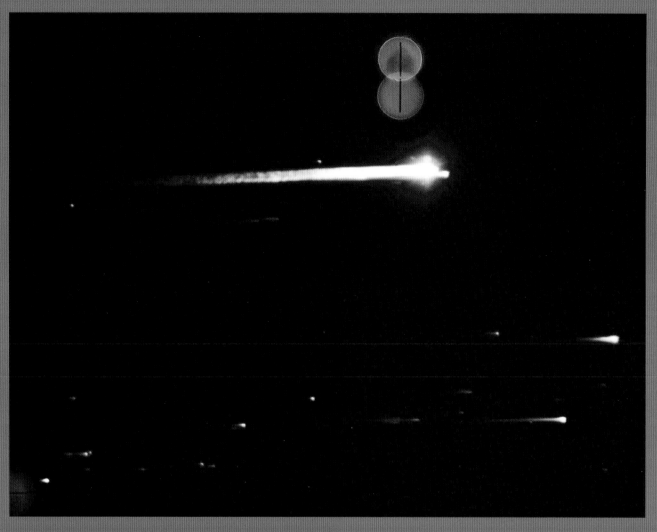

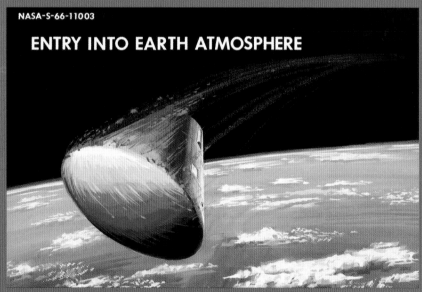

NASA-S-66-11003

ENTRY INTO EARTH ATMOSPHERE

上圖:這是阿波羅 8 號重返地球通過大氣層時的
畫面。以高溫華氏 5000 度(攝氏 2760 度)歡迎
阿波羅太空船從月球返來,有很多情況可能會很
糟糕。幸好,到最後什麼情況也沒發生。

左圖:當年的插畫表現阿波羅太空船重返地球通
過太氣層情景。如果太空船的防熱板失效,裡面
的組員就會喪命。

太空艙裡——生物醫學界一直很擔心太空人可能會把「月球細菌」帶回地球，這些細菌很可能會傷害到地球上的生命。三位太空人在艙裡把隔離衣穿上，幾分鐘後，他們從**哥倫比亞號**裡跌跌撞撞地出來，登上一艘等待著他們的救生筏。

說實在的，任何漂浮在太空艙裡的細菌，在艙門被打開時就已經飄到空氣裡，微小的外星生物入侵者早就把地球給毀滅了。後來經過確認，三位太空人從月球上帶回來的那些細菌，其實都是他們從地球出發時就帶在身上的。

## 隔離觀察

不久之後，阿姆斯壯、艾德林和柯林斯就從在海中的救生筏接上海軍直昇機，並載往**大黃蜂號航空母艦**（*Hornet*）。他們穿著單調綠色的隔離衣登艦，立即走進一輛知名品牌氣流（Airstream）露營拖車裡，這是未來五天裡他們的家。

三位太空人要隔離為期三週，雖然隔離的宿舍很小，可是相較於他們過去八天裡所待的空間，這裡面可說是富麗堂皇了。等他們住進隔離室，立刻就有一位醫生和一位專業的清潔消毒人員進來和他們待在一起。不久，軍樂響起，略顯隆重的儀式，尼克森總統現身在 Airstream 拖車的窗戶外向他們致意，歡迎他們重返地球——尼克森總統特別飛到航空母艦上來迎接三位太空人。他們要好幾天後才會回到休士頓——在那之前要一直待在改裝拖車裡——之

上圖：回到地球後，三位太空人住進了隔離室；那是用知名廠牌氣流（Airstream）的露營拖車改裝而成的。隔離室的空間雖小，但是跟指揮艙比起來，這裡面住起來還是舒服許多。

下圖：阿波羅 11 號的三位太空人穿著生物隔離衣登上了大黃蜂號航空母艦。

後才可以隔著玻璃和他們的家人見面。

　　**大黃蜂號**迅速地航向夏威夷。到了夏威夷，三位太空人和兩位太空總署專家從此地一同搭機飛往休士頓，然後移到詹森太空中心裡面設備較好的隔離室。

### 休士頓舉市歡騰慶祝

當三位太空人住進隔離室後，太空總署所有機構的工作人員都在熱列慶祝，但是，應該沒有人比在休士頓載人太空飛行中心工作的男女工作人員更感極度疲憊與興奮吧！他（她）們一路引導整個任務，從發射升空一直到濺落海中。揮舞小國旗，分送雪茄——任務管制中心裡面聞起來像是剛舉辦過一場為期三天的撲克大賽，但是整個場景是色彩繽紛、歡天喜地的。

　　金‧克蘭茲談到了事後的心情：「在阿波羅 11 號任務完成過後的幾個月內，我熱淚盈眶的次數比我這一輩子以來的任何時候都要多。每當我聽到國歌或抬頭看到月亮，或想到我的團隊人員，我就會淚眼迷濛。」[66] 對一位前海軍陸戰隊員來說，這可不是他一般正常的表現。他已被親身的體驗改變了。

　　西摩‧李伯格，克蘭茲白隊下負責電氣、環境和通訊（EECOM）的專家說，「我們一直等到看見三位太空人在海上移出指揮艙，被直昇機接走，再看到他們下了直昇機，走在航空母艦的甲板上，我們才認為他們是回來了。直到那時候我們才開始慶祝。」他又說，「我們年輕，我們什麼都不怕。畢竟，從來沒有人告訴過我們這些年輕工程師，我們不能成功把人類送到另一個星球上。所以我們就去做了。」[67]

上圖：哥倫比亞號被送上了大黃蜂號的甲板上。柯林斯稍後提到這艘太空船，經歷了長途旅程嚴厲的考驗，表現得比他所預期的還要更好。

下圖：三位太空人抵達大黃蜂號後不久，尼克森總統就前來歡迎他們三位平安返家。

上圖：阿波羅 11 號成功濺落太平洋後，阿波羅計劃的高階主管們傳送雪茄，並且當場抽起雪茄以示慶祝。畫面中間滿臉笑容的是載人太空飛行中心的航務主任克里斯 · 克拉夫特，在他右邊的是設備主任羅伯特 · 吉爾魯斯（Robert Gilruth）。

左下：確認了阿波羅 11 號任務已經圓滿完成，任務管制中心全員立刻歡欣鼓舞慶祝起來。

右下：任務管制中心拿出慶祝的雪茄分送給大家。當時是西元 1969 年，不僅允許可以在室內抽煙，大多數控制員的控制台旁都擺著煙灰缸。

# 第 13 章

# 登月之後

「歷史是一連串的隨機事件和無法逆料的選擇，
這就是為什麼未來很難預測⋯⋯但是你可以努力。」

——尼爾・阿姆斯壯，阿波羅 11 號太空人

　　長途出差，從來就不是件輕鬆的事。到月球探險，更是千辛萬苦。在經歷了這一切種種之後——跟兩個超過一個禮拜沒洗澡的大男人，還有一堆惡臭的石頭，擠在一個 218 立方英尺（20 立方公尺）的指揮艙裡——阿波羅 11 號的太空組員們回到地球還要填寫入境表格。因為他們是從地球最鄰近的星球返來，這讓他們有了從國外回國的身份，他們就必須要向美國海關辦理通關手續。通關手續其中有個項目就是，三位太空人要申報他們帶了什麼東西回到美國，他們因此就老老實實填寫了一份有關農產品申報以及向海關、移民局和公共衛生單位申報的表格。出發地點：月球。入境地點：檀香山，夏威夷。攜帶貨物：月球岩石和月球塵土樣本。

　　三個禮拜禁閉期的最後一站，三位太空人是在休士頓的月球物質回收和回返太空人檢疫實驗所（Lunar Receiving Laboratory，簡稱 LRL）度過的，在此之後，他們就可以被釋放回家，回到家人和朋友的懷抱。但是，在釋放之前，還有一個跨機構反污染委員會（the Interagency Committee on Back Contamination，簡稱 ICBC）必須要先去亞特蘭大的美國疾病管制與預防中心（Centers for Disease Control and Prevention，簡寫為 CDC）開個會，然後才能解除他們的隔離。

　　仔細想想，這段隔離也不全然是浪費時間。太空人們都很樂於有這麼一段安靜的時間，讓他們好好從執行任務的高度壓力中復原，然後才來面對全世界的新聞媒體。他們可以開始寫任務報告，趁著這段相對寧靜的時光好好把登月探險的報告寫出來。

　　在隔離的早期階段，**哥倫比亞號**跟三位太空人的隔離拖車之間有一條塑膠隧道相連。柯林斯有一次悄悄從隧道裡爬過去看望他居住過八天的家。他掏出一支麥克筆（felt-tip marker），在指揮艙的控制台上寫了幾個字，「太空船編號 107 ——別名阿波羅 11 號——又名**哥倫比亞號**。從生產線來的最佳太空船。願上帝保佑她。麥可・柯林斯敬上，指揮艙飛行員。」他感性的留言很受到大家喜愛，雖然他說的事不見得完全正確。除了阿波羅 13 號那艘發生爆炸意外的指揮艙，所有的指揮艙都在它們的任務中表現得十全十美。

　　三位太空人的隔離期快要結束時，艾德林在看報導登月任務的新聞紀錄片。從地球的角度來看他們在執行

GENERAL DECLARATION
(Outward/Inward)
AGRICULTURE, CUSTOMS, IMMIGRATION, AND PUBLIC HEALTH

| Owner or Operator | NATIONAL AERONAUTICS AND SPACE ADMINISTRATION | | |
|---|---|---|---|
| Marks of Nationality and Registration | U.S.A. | Flight No. APOLLO 11 | Date JULY 24, 1969 |
| Departure from | MOON (Place and Country) | Arrival at | HONOLULU, HAWAII, U.S.A. (Place and Country) |

FLIGHT ROUTING
("Place" Column always to list origin, every en-route stop and destination)

| PLACE | TOTAL NUMBER OF CREW | NUMBER OF PASSENGERS ON THIS STAGE | CARGO |
|---|---|---|---|
| CAPE KENNEDY | COMMANDER NEIL A. ARMSTRONG | | |
| MOON | | Departure Place: | |
| JULY 24, 1969 HONOLULU | COLONEL EDWIN E. ALDRIN, JR. | Embarking NIL Through on same flight NIL | MOON ROCK AND MOON DUST SAMPLES Cargo Manifests Attached |
| | LT. COLONEL MICHAEL COLLINS | Arrival Place: Disembarking NIL Through on same flight NIL | |

Declaration of Health

Persons on board known to be suffering from illness other than airsickness or the effects of accidents, as well as those cases of illness disembarked during the flight:
NONE

For official use only

HONOLULU AIRPORT
Honolulu, Hawaii
ENTERED

Any other condition on board which may lead to the spread of disease:
TO BE DETERMINED

Details of each disinsecting or sanitary treatment (place, date, time, method) during the flight. If no disinsecting has been carried out during the flight give details of most recent disinsecting:

上圖:三位太空人的隔離車廂抵達夏威夷後,與前來探視他們的妻子交談。

左圖:三位太空人返回地球後在海關所填寫的通關申報單。其中有個問題問及可能由境外帶入的疾病,他們聰明地寫下他們的答案:「待確認中」。

任務的畫面,感覺很特別——他曾**在那裡**,看起來的感覺就是有點兒不一樣。艾德林稍後說道,那是他第一次真正對他們所做的事感到有些情緒激動。看完一段影片後,他轉頭看看阿姆斯壯;阿姆斯壯正在默默想一些有關任務的事。艾德林對他說,「尼爾,我們錯過整個精彩的事件了。」阿姆斯壯微微笑了一下。

廿天過後,三位太空人終於可以離開隔離室了——跟他們一起被隔離的實驗室老鼠並沒有生病跡象,驗血的各項結果也正常。三位太空人剛走出隔離室的寂靜,便一腳踏入熱烈的慶祝活動,接連持續好幾個月。

8月13日,太空總署把三位登月太空人送上只能以旋風之旅來形容的行程——一天之內,他們從紐約、芝加哥到洛杉磯,參加了好幾場的遊行,與群眾會面、接受歡呼,還要出席正式晚宴。在紐約,五彩碎紙從天而降,有如驟雨;在洛杉磯,三位太空人及他們的家人一同出席接受尼

克森總統的晚宴款待，出席的來賓有第一夫人帕特（Pat Nixon）、時任加州州長的羅納德・雷根（Ronald Reagan）、五十位美國國會議員，還有來自八十三個國家的各國代表。當晚，洛杉磯世紀廣場酒店盛況空前，前所未見。

三位太空人接下來展開四十五天的出國訪問行程，歷經廿五個國家。他們在所到的每一個國家首都都受到英雄式的歡迎和隆重的盛宴款待。這是一連串讓人暈頭轉向的活動，讓他們三人精疲力盡，暫時還無法讓他們任何一人結束這過渡時期，讓他們真正回到地球（回到現實）。

### 終於回到家了

然後，一切都結束了。我指的不是對他們三人的恭維——那會一直持續，以各種不同型式，在他們有生之年。而是那一連串令人麻痺的演講座談、與外國貴賓握手，還有親吻孩童的戲碼漸漸變少了，從波濤江水變成涓涓細流。三個人終於可以各自回到他們休士頓的家中，仔細考慮一下

自己的未來。他們往後的道路，會依他們各自的想法和需求來打造，很可能會跟以往大大的不同。

尼爾・阿姆斯壯很早就決定阿波羅 11 號是他在太空總署的最後一役。他已經花了夠多的時間在接受訓練和在太空上工作，也在太空總署待得夠久了。他覺得他有責任要把位子讓出來，讓其他的太空人有機會爬上來——阿姆斯壯就是這樣的人。

急著離開聚光燈焦點的阿姆斯壯，他在西元 1971 年成為辛辛納提大學的航空工程學教授。他很容易就過著寧靜不出風頭的學術生活，避開了媒體的追逐。阿姆斯壯說他只想當一個「普通人」（Mr. Average Guy），辛辛納提大學的發言人艾爾・奎特納（Al Kuettner）筆下是這麼描寫阿姆斯壯。而阿姆斯壯的一位教授同僚，榮恩・休斯頓（Ron Huston），他說，「尼爾看自己就是一個平凡的普通人。……他很清楚登陸月球是一群人長時間辛苦工作的結晶。尼爾不想給人一種印象說那都是他一個人的功勞。」[68]

尼爾・阿姆斯壯（右）和約翰・格倫一同慶祝格倫出任水星任務 50 週年慶。（譯註：約翰・格倫於西元 1962 年 2 月 20 日駕駛水星計劃友誼七號太空船出任務，成為第一位繞地球軌道運行的美國人。參見本書第 3 章，當時格倫的新聞感動了柯林斯，柯林斯因而前去太空總署應徵太空人職務。）

阿姆斯壯曾經有一次談到他在大學裡的工作，「我為自己的專業成就感到十分自豪。科學追求的是真相；而工程學（engineering）追求的是能夠做到什麼程度。」[69]西元2012年，阿姆斯壯死於心血管手術併發症。

麥可・柯林斯不像阿姆斯壯那麼靦腆，但他也不是一個喜歡引人注意的人。他後來也離開了太空總署，最終接受一個非常需要面對大眾的職務，那就是去到美國史密松寧國家航空太空博物館（the Smithsonian's National Air and Space Museum，簡稱 NASM）擔任館長一職。在去國家航太博物館任職之前，他曾經去美國國務院工作一年，但是他後來發現史密松寧的職務更適合他。他在國家航太博物

館工作期間，為了配合西元 1976 年的美國建國二百週年紀念，博物館進行了大規模的設備擴充工程，他就負責監督這項大工程。到了西元 1980 年，他離開了史密松寧的工作，改行去做生意。現在的他已經退休了，過著享受美酒、佳餚的生活，還有用水彩作畫。他的藝術創作還能賣到數千美元的價位呢。

巴茲・艾德林的發展就跟其他人非常不一樣。他漸漸明白美國在阿波羅計劃之後的太空預算變得非常緊縮，這對他來說並不好受。尼克森總統不僅取消了三次的阿波羅飛行任務—— 18 號、19 號和 20 號——而且他也阻止馮・布朗計劃要送人上火星的任務。在美、蘇於西元 1975 年聯

麥可・柯林斯（左）和巴茲・艾德林於西元 2012 年 8 月在尼爾・阿姆斯壯追悼會上分享往日情景。（譯註：尼爾・阿姆斯壯逝世於西元 2012 年 8 月 25 日，享年 82 歲。）

巴茲‧艾德林向傑夫‧貝佐斯談論到人類太空飛行的未來；當時是西元二〇一八年，他們前去參加美國國家太空協會（NSS）年度舉辦的國際太空發展大會（International Space Development Conference®，簡稱 ISDC®）。

手進行阿波羅－聯盟測試計劃之後，那些遺留下來的阿波羅太空船——建造完成、試飛檢測完畢並且通過驗證的太空船——全部拖到像是柯林斯的史密松寧博物館去。尼克森政府想要的是比較便宜、危險性比較小的太空探險，他們想要發展的是太空梭計劃。到最後，這是一項昂貴、有時候會發生危險的計劃，不過總算還是有參與多國合作組成一個國際太空站（International Space Station）。

艾德林稍後變成有點類似媒體寵兒般的人物，出現在各種電視節目上，從西元 1972 年的電視綜藝節目《卡羅‧伯內特秀》（The Carol Burnett Show）到西元 2012 年參加電視影集《宅男行不行》（The Big Bang Theory），其間出現在媒體上大概有超過一五〇次。他不斷地、努力不懈地大聲疾呼要強力重返太空，飛越地球軌道，他把重點放在火星，還強調要國際合作。太空歷史學家羅傑‧勞尼厄斯（Roger Launius），他在史密松寧國家航空太空博物館擔任太空歷史部門主管和策展人時曾說，「艾德林從不停下腳步。他是做得到的，如果是他想做的事。」[70] 但是艾德林並沒有重返太空。他繼續在媒體工作，推廣 STEM 教育（譯註：STEM 是取自科學（Science）、技術（Technology）、工程（Engineering）及數學（Math）四個學科的英文字首，STEM 教育起源於 20 世紀 90 年代的美國。為一種結合科學、技術、工程、數學的跨學科教學方法，旨在將四大領域專業知識結合，補強不同學科之間的隔閡，並將課程與真實生活中的情境做結合以激發學生最原始對於新奇事物與知識的好奇心與求知的渴望），並不停向各界鼓吹他的理念；艾德林成了倡導太空飛行的一人機構。他擁有多家董事會席次，到處參加專業機構成為會員，還擔任美國國家太空學會理事會（National Space Society）主席長達數十年，為的就是推廣他重返太空的理念。

尾聲

# 重返月球

「人們試圖利用蒸汽動力船航行在北大西洋暴風雨中，
何妨也計畫一趟前往月球的旅行。」

——狄奧尼修斯 · 拉德納（Dr. Dionysius Lardner），
倫敦大學學院自然歷史和天文學教授，西元 1838 年

　　唉，這些懷疑論者。就是有那麼多人沒有遠見，無法超越人類自我設限的障礙。但是我們剛剛和月球建立起關係——我們飛上了它的軌道，降落到它的表面，還在它的表面進行探勘，數十年來，我們一直在研究它的樣本。但那還只是開始階段。近幾年來，有人重新關注，要將科學探測儀送上月球軌道，更進一步了解月球的組成；中國送上了機器人登陸艇和月球車，重新展開對月球表面的探索。在不久的將來，我們很有希望可以看到政府和民間合作的月球發展計劃，不只是在月球上探索和定居，還要超越月球、要更向遠處。阿波羅所進行的飛行任務，就好比只是初次離巢的幼鳥，正在嘗試飛向不同的新世界。

　　從西元 1969 年到 1972 年，阿波羅計劃又執行了五次登陸月球任務，行動一次比一次更具野心，到了阿波羅 17 號出任務時更達到了最高峰；壯麗的阿波羅 17 號結束任務返回地球的時間是在 1972 年 12 月 19 日。阿波羅計劃教會我們很多事情。以國家來說，它教我們，凡事只要我們下定決心就一定能做到。以物種來說，它教

前頁：隨著美國太空總署計畫在西元 2020 年代中期在太空建立軌道太空站，以及最近十年來歐洲、中國和好幾家私人企業集中發展人類駐紮在月球表面的計劃，月球很快就要成為人類在太空中活動的樞紐。

上圖：這是從月球寧靜海所取得的大型石塊樣本。

上圖）這些石塊，沒有什麼值得大驚小怪的，不過就是一些阿波羅 11 號從月球帶回來的石塊。它們從外表看起來就和任何人家後院裡能找到的石頭一樣，但是它們真的是獨一無二的。這些月球帶回來的樣本是 對不能出售給個人，或交給個人做私人收藏。

左圖：太空總署為阿波羅 11 號所取得的月球樣本給予編號、編製資料目錄，這是第 10009 號標本所登錄的內容——這樣的內容大概只有科學家才會看得懂。

我們應以更多的共同而團結，不以有差異而分裂。以個人來說，它教我們每一個人深淺不同的見解。年復一年，月球岩石本身也不斷教我們新的事物；這些月球岩塊，自從來到了地球，太空總署和世界各地的大學及實驗室，全都一直持續不斷地在研究它們。

由月球帶回來的樣本，我們更加瞭解月球的起源和歷史，此外，我們更經由它們學到人類在地球以外世界可能的未來；月球來的岩石和土壤給了我們這樣的信心。它們看起來顏色灰白又沒有生氣，但是它們充滿了可用的資源，這些資源可將人類的生存空間擴展到整個太陽系中。

運用月球資源廣義上就是一種所謂的原地資源利用（In-Situ Resource Utilization），或簡稱 ISRU。簡單來說，

美國太空總署和私人企業都有計劃在開月球上採礦，利用月球上的資源。專家們認為採取公私合營的方式是最有可能成功的途徑。

就是利用在太空中找到的資源——無論是在小行星上、彗星上、火星上，或是，本案的在月球上——為人類做進一步服務。凡是在月球上的可用資源，我們都不用從地球上帶過去，這不僅可以節約能源，還可以節省金錢。這是個很早就有的觀念，可是在我們研究分析了阿波羅任務每次帶回來的月球岩石後，舊觀念有了新生命。其中有個最吸引人的發現就是，我們發現月球岩石中有水分存在，從它幾十億年前形成時就存在了。岩石裡的水分可以純化後成為飲用水，還可以用來產生氧氣，那是火箭燃料的基本成分，同樣的，也可以用來產生氫氣。氧氣當然也是可以用來呼吸。這就表示，我們不用再花一加侖數千元的費用去發射水、氧氣和火箭燃料，然後才能把我們送到地球軌道以外的地方去，現在，這些物資都可以在月球上開採、處理，並且把它們儲存在月球上及存放到地球軌道上，如此

一來，可方便我們人類深入暢行在太陽系當中。

此外，月球表面含有多種金屬。在月表的土壤中，含有豐富的鐵、鈦和鋁可以提煉。方便我們建造任何東西，從月球住宅到太空船——同樣的，我們不用既花錢又繁複地把這些重物料從地球上發射。

月球上還有氦-3（helium-3），是地球上的稀有元素，最終將證明可以把它應用在未來的核融合反應爐（nuclear fusion reactor）。（譯註：因為使用氦-3的熱核反應爐中沒有中子，純氦-3融合熱核反應只會產生沒有放射性的質子，故使用氦-3作為能源時不會產生輻射，不會為環境帶來危害。但是因為地球上的氦-3儲量稀少，無法大量用做能源。而根據月球探測的結果，月球上的氦-3含量估計約一百萬噸以上。）

月球村（Moon Village），是月球上的一個前哨站；這是歐洲太空總署提出來的構想，他們打算邀請國際間一起合作，共同打造一個月球村。

美國太空總署的月球軌道平台－閘道計劃（Lunar Orbital Platform – Gateway，簡稱 LOP-G），有時就簡稱 LOP-G 或閘道計劃，預計在西元 2020 年代初期開始興建。

## 資本主義蔓延到月球

美國有許多家民間企業公司開始致力於發展月球採礦技術和運送終端產品的方法，其中包括藍色起源（Blue Origin），這家公司是亞馬遜公司創始人傑夫・貝佐斯（Jeff Bezos）所創立的航空太空公司。隨著這些企業家把大量的私人資金投注到太空業務方面，未來要看到「月球製造」這樣的標籤，貼在太空中所出現的各種機械和商品上，只是時間早晚的事。

以上只是在各種計劃裡舉出的一個例子，最有可能會促成我們重返月球；而其它大多數的計劃，在過去十年裡，都變得十分務實。有些公司，像是太空探索技術公司（Space Exploration Technologies Corp.，簡稱：SpaceX），為私人投資太空事業鋪路，建議大膽的投資人不只是要賺太空的錢，特別要賺月球上的錢。這類的投資金額目前已經來到了歷史最高點。

但是，這些只是被拿出來要重返月球的理由，事實上要承諾真正投入努力是難上加難，尤其這裏面牽涉到與人相關的事。美國太空總署，儘管在西元 1960 年代和 1970 年代有成功輝煌的登月探險記錄，但是他們想讓人類重返月球的努力總是不斷遭受挫折。並不是太空總署的人沒有在爭取——自從阿波羅登月成功之後，太空總署至少已經宣布過兩次重大的載人登月計劃，每一次都得到行政部門公開支持，但是兩次計劃都未獲得國會提供資金。太空總署最近一次的努力是星座計劃（Constellation program），由喬治・布希總統在西元 2004 年支持推動。這項星座計劃勉強撐了六年時間，資金一直不足，直到西元 2010 年，歐巴馬總統終止了這項計劃，因為有份高級的研究報告顯示，以設定的投資水準而言，該計劃是不可行的。

在西元 2020 年代早期的某個時間點，美國太空總署將要把獵戶座太空船（Orion spacecraft），如上圖所示，用太空發射系統火箭送上月球，讓它加入循環繞著月球飛行的行列。它不會是像阿波羅 8 號那麼大膽的版本，但它是必須進行的硬體測試，這是為了送美國人重返月球。

　　最近又重新提起要送美國人重返月球的是川普政府，他們在西元 2017 年提出要優先考量重返月球計劃。目前的規劃是要建造一個在月球軌道上的太空站，就叫做月球軌道平台－閘道（Lunar Orbital Platform － Gateway，簡稱 LOP-G），預計在西元 2020 年代開始打造。不論這個計劃到頭來是否會成功，這都是政治大於實力的考量——美國用西元 1960 年代的技術都能登陸月球了，再經過五十年日新月異的科技發展，要用現有的技術重返月球簡直是輕而易舉的事。這是很簡單的問題，就只是看施政者有沒有決心和國家政策的優先順序罷了。

　　其它國家也有自己的登月計劃，中國是其中最重要的一員。這個太空實力逐漸增強的國家已經把登陸艇和月球車都送上月球了，它計劃要在西元 2030 年代送幾位中國公民上月球表面。歐洲太空總署（European Space Agency，縮寫為 ESA），是歐洲幾個國家組成的聯盟，他們有個計劃叫「月球村」，與美國、蘇俄合作，很可能也會加入中國，一起打造一個月球基地。至於前面提到的一些私人企業，他們不止計畫要到月球採礦，更計畫要在月球住人——一切不過就是投資資本，創造市場，讓他們能夠從中獲利賺錢。但是無論他們的月球計劃如何發展，美國政府和太空總署看起來是不會缺席的，不管用什麼方式，直接投資也好，有創意的公私合營也好，或是在太空創建一個商品市場，總之，美國都會在其中軋上一角。

「我們為全人類和平而來。西元 1969 年 7 月 20 日。」

## 結語

2011 年，高齡八十一歲的阿姆斯壯在一場訪問中主張要重返月球，他說：「我支持重返月球。我們在月球上面登陸了六次，探索的地區可能跟個城市一樣小，也可能像個小鎮一樣大。留給我們大概一千四百萬平方英里〔三千六百萬平方公里〕的地方還未探索過。」他又補充說，這可以讓工程師們練習「許多需要學會的事，如果你們還要更進一步探索太陽系的話。」[71]

2005 年，在一場關於阿波羅 11 號的電視訪談中，我最後問金 • 克蘭茲他是否還有什麼話要對大家說。通常在這樣的訪談中，一般人面對著鏡頭多半都是說，「沒有了，我想，以上就是我要說的。」但是克蘭茲不同。他在鏡頭前停了一會兒，然後他看著我，用他那雙鋼鐵般導彈人的眼睛（steely missile-man eyes）盯著我〔譯註：這是流行於美國 1960 年代末期的一句俚語，形容一位太空人或工程師在極端壓力下迅速找出一個解決棘手問題的巧妙方法。起源於 1969 年阿波羅 12 號的飛行控制員約翰 • 亞倫（John Aaron）的表現，他在阿波羅十二號發射期間解決了電氣系統故障，因而有了這個稱號〕。克蘭茲用一種深具說服力的語氣說出一句簡捷有力又大膽的話：「只要美國敢做，美國就一定做得到。」

我相信阿姆斯壯、艾德林和柯林斯會強力建議我們要再次大膽勇敢起來，用以彰顯阿波羅十一號永遠不滅的榮耀和傳承。

# 致 謝

我要感謝許多人幫助我完成這一本書。首先，我要感謝斯特林出版社（Sterling Publishing Company, Inc.）的所有同仁，從上到下，你們是最棒的，要說你們有多好就有多好。我特別要謝謝瑪瑞蒂斯‧黑爾（Meredith Hale）、凱瑟琳‧弗曼（Katherine Furman）、芭芭拉‧伯傑（Barbara Berger）、艾晉黎‧普林（Ashley Prine）和克里斯多夫‧貝恩（Christopher Bain）。

我也要感謝文學服務公司（Literary Services Inc.）的約翰‧威利格（John Willig），他是我的著作出版經紀人，我們合作將近十年了，我對約翰感激不盡。他在文學代理這一行中是佼佼者，也是我的好朋友。約翰，我欠你的晚餐現在大概已經累積到十五客牛排了。

插畫家詹姆斯‧沃恩（James Vaughan），他花了無數個小時為這本書製作出這麼多精彩又新穎的插圖，為此，我向他致上最高的敬意和深深謝意。記載太空競賽的歷史，對我來說，這是我甘之如飴的苦差事，我何其有幸可以遇到跟我有同樣感覺、同樣喜好的人，他願意用這麼藝術的方式表現出來。如果你有空，又想看看前所未見、令人驚豔的太空藝術作品，請到以下網站瀏覽，保證令你目眩神迷、讚嘆不已：www.jamesvaughanphoto.com。

我還要向多才多藝的法蘭西斯‧法蘭屈（Francis French）致敬，他是一位天才型書寫太空的作家、太空的最佳代言人，還是位講述太空故事的全能專家，他在聖地亞哥航空太空博物館（San Diego Air & Space Museum）擔任教育中心主任。他在他極為難得的閒暇之餘寫了好幾本關於阿波羅太空人的書，卻還能夠撥出時間來為同事們的草稿做技術方面的校對和編輯。謝謝你，法蘭西，感謝你在我書寫這個主題時讓我見識到你聰明的腦袋，提供我豐富的知識，我真是打從心底佩服你。

我還要感謝尼克‧豪斯（Nick Howes），一位隕石行家，懂得所有與隕石相關的事，也是一位狂熱的太空歷史學家。他提供我一張我根本無從取得的畫面，阿波羅導航計算機螢幕上顯示 1202 警報的畫面。那是來自他個人高價購得，程式須以人工載入及執行的再製機器。謝謝你，尼克。

我特別要感謝安迪‧艾德林和瑞克‧阿姆斯壯，他們兩個人被我問了許多關於他們父親的事，他們總是耐心又和善地回答我的問題。這兩位聰明又能幹的男士各自都有出色的人生發展，我很感激他們願意花時間去回顧五十年前的歲月，重溫他們成長過程中的一些精彩片段。

我由衷感激巴茲‧艾德林大方地為本書寫了序言。您長期推動人類太空飛行和鼓勵新一代鑽研太空的青年，您的這番努力真是令人欽佩，而且，對我這個太空迷來說，您在雙子星 12 號任務中以手動駕駛太空船的那一段，真是太了不起了。

最後，我要向那五十萬名把人類送上月球軌道高達九次之多的美國人致上最深的敬意。您們的創造力超越了同時代的人不止數十年，您們堅持不懈的毅力鼓舞了一整個世代的人，也將鼓舞往後的世世代代。我深深期許透過這一本書，以及其它像本這一類的書，可以讓您們為了完成甘迺迪總統的偉大目標而付出，的奉獻永遠不會被世人遺忘。

# NOTES

1. Interview with the author, June 2005.

2. Ibid.

3. Transcript of Apollo 11 landing with annotations. *Apollo Lanar Surface Journal*, http://www.hq.nasa.gov/alsj. Accessed September 2017.

4. Excerpt from a letter from Wernher von Braun to the vice pesident of the United States, dated April, 29 1961. NASA Historical Reference Collection, NASA Headquarters, Washington, DC.

5. "Recommendations for Our National Space Program: Changes, Policies, Goals." A report from James E. Webb and Robert McNamara to Vice President Lynodon B. Johnson, May 8, 1961.

6. John F. Kennedy. "Special Message to the Congress on Urgent National Needs." May 25, 1961. The American Presidency Project archives, University of California at Santa Barbara.

7. Kennedy, "Special Message."

8. James Hansen, *First Man: The Life of Neil A. Armstrong* (New York: Simon & Schuster, 2005), 221.

9. Buzz Aldrin and Malcom McConnell, *Men from Earth* (New York: Bantam Books, 1989), 69.

10. Aldrin and McConnell, *Men from Earth*, 103.

11. Michael Collins, *Carrying the Fire: An Astronaut's Journeys* (New York: Farrar, Straus and Giroux, 1974).

12. Collins, *Carrying the Fire*.

13. Gene Kranz. *Failure Is Not an Option: Mission Control from mercury to Apollo 13 and Beyond* (New York: Simon & Schuster, 2000).

14. Hansen, *First Man*, 246.

15. Ibid.

16. Hansen, *First man*, 265.

17. *NOVA*, season 41, episode 23, "First Man on the Moon," directed by Duncan Copp and Christopher Riley, aired November 29, 2014, on PBS.

18. Aldrin and McConnell, *Men from Earth*, 154.

19. Aldrin and McConnel, *Men from Earth*, 157.

20. Aldrin and McConnell, *Men from Earth*, 15.

21. Transcribed from CBS coverage of the launch of Apollo 4.

22. Courtney Brooks, James M. Grimwood, and Loyd S. Swenson Jr., *Chariots for Apolllo: A history of Manned Lunar Spacecraft*, the NASA History Series (Washington, DC: Nasa Special Publication-4205, 1979), "NASA-Grumman Negotiations."

23. Thomas J. Kelly, *Moon Lander: How We Developed the Apollo Lunar Module* (Washington, DC: Smithsonian Books, 2001).

24. Kelly, *Moon Lander*.

25. Keey, *Moon Lander*.

26. NASA transcript of preflight briefing, July 5, 1969.

27. Collins, *Carrying the Fire*.

28. Collins, Carrying the Fire.

29. Collins, *Carrying the Fire*.

30. Aldrin and McConnell, *Men from Earth*.

31. Collins, *Carrying the Fire*.

32. Private correspondence published in the Apollo 15 flight journal, http://history.nasa.gov/afj/ap15fj/03tde.html. Acssessed June 10, 2018.

33. Collins, *Carrying the Fire*.

34. In-flight transcript (here and throughout chapter), NASA History Portal, https://www.jsc.nasa.gov/history/mission_trans/apollo11.htm. Accessed June 1, 2018.

35. Post-flight debriefing-session audio transcript, 1969.

36. Aldrin and McConnell, *Men from Earth*.

37. Jennifer Bogo, "Landing on the Moon," *Popular Mechanics*, May 2009.

38. Bogo, "Landing on the Moon."

39. Bogo, "Landing on the Moon."

40. Bill Safire, "In Event of Moon Disaster." Dated July 18, 1969, https://www.archives.gov/files/presidential-libraries/events/centennials/nixon/images/exhibit/rn100-6-1-2.pdf. Accessed June 6, 2018.

41. Interview with the author, 2005.

42. Ibid. Since this speech was not recorded, this is the best approximation he and his controllers recall; it is written differently in various sources, but the essence is the same.

43. Ibid.

44. Interview with the author, 2005.

45. Eric M. Jones and Ken Glover, eds., *Apollo Lunar Surface Jour-*

*nal*. NASA publication.

46. Kranz, *Failure Is Not an Option.*

47. Bogo, "Landing on the Moon."

48. Bogo, "Landing on the Moon."

49. Bog, "Landing on the Moon."

50. Excerpt from a letter by Margaret H. Hamilton, director of Apollo Flight Computer Programming at MIT's Draper Laboratory, Cambridge, Massachusetter, March 1971.

51. Rick Houston and Milt Heflin, *Go, Flight!* (Lincoln, NE: University of Nebraska Press, 2015).

52. Bogo, "Landing on the Moon."

53. Hansen, *First Man.*

54. Interview with the author, 2005.

55. Post-flight debriefing-session audio transcript, 1969.

56. Andrew Chaikin, *A Man on the Moon: The Voyages of the Apollo Astronauts* (New York: Penguin Books, 1994).

57. In-flight transcript (here and rest of chapter). NASA History Portal, https://www.jsc.nasa.gov/history/mission_trans/apollo11.htm. Accessed June 1, 2018.

58. Hansen, *First Man.*

59. In-flight transcript. NASA History Portal, https://www.jsc.nasa.gov/history/mission_trans/apollo11.htm. Accessed June 1, 2018.

60. Interview with the author, 2005.

61. Jones and Glover, *Apollo Lunar Surface Journal.*

62. In-flight transcript. NASA History Portal, http://www.jsc.nasa.gov/history/mission_trans/apollo11.htm. Accessed June 1, 2018.

63. Post-flight debriefing-session audio transcript, 1969.

64. NASA oral history with Tom Kelly, www.jsc.nasa.gov/history/oral_histories/KellyTJ/KellyTJ_9-19-00.htm

65. Collins, *Carrying the Fire.*

66. Kranz, *Failure is Not an Option.*

67. Jennifer Bogo et a., "Apollo 11: No Margin for Error," *Popular Mechanics*, June 2009.

68. Deborah Rieselman, "Little-Known Insights Tell How One Small Step Led to a Reluctant Hero." *UC Magazine*, University of Cincinnati, undated, https://magazine.uc.edu/issues/0413/Armstrong.html. Accessed August 9, 2018.

69. Neil Armstrong, excerpt from a speech given at a National Press Club event, February 2000.

70. Jeremy Hsu, "How Astronauts Can Become Media Stars," Space.com, March 19, 2010, https://www.space.com/8067-astronauts-media-stars.html. Accessed August 9, 2018.

71. "Armstrong Urges Return to the Moon, Then Mars," Seeker (website), August 25, 2011, https://www.seeker.com/armstrong-urges-return-to-the-moon-then-mars-1765387080.html. Accessed August 9, 2018.

# 圖片來源

| 圖片來源（原文） | 圖片來源（中譯） | 頁次（中譯） |
|---|---|---|
| Courtesy of 123RF | 123RF 圖庫公司 | 105（下圖） |
| Courtesy of Andy Aldrin / NASA | 安德魯・艾德林／美國太空總署 | 59 |
| Courtesy of the City of Pearland | 美國德州皮爾蘭市（the City of Pearland） | 58 |
| ©Claudio Divizia Shutterstock | © 克勞迪奧・帝維吉亞（Claudio Divizia）在 Shutterstock 圖庫公司的作品 | vi |
| Courtesy of ESA / NASA | 歐洲太空總署／美國太空總署 | 180 |
| ©fieldisland / Shutterstock | ©fieldisland 在 Shutterstock 圖庫公司的作品 | ii-iii |
| ©James Vaughan | © 詹姆斯・沃恩 | viii, 2, 136, 176, 183, 194 |
| ©Kirn Vintage Stock / Alamy Stock Photo | © Kirn Vintage 圖庫公司／Alamy 圖庫公司 | xi |
| ©National Space Society / Keith Zacharski | ©美國國家太空協會／基思・扎卡爾斯基（Keith Zacharski） | 175 |
| ©Nick Howes | © 尼克・豪斯 | 118（左圖） |
| ©RGB Ventures / SuperStock / Alamy Stock Photo | © RGB Ventures／SuperStock／Alamy 圖庫公司 | 87 |
| Courtesy of NASA | 美國太空總署 | viii, x, xiv, 1, 2, 3, 4, 5, 6, 7, 8, 11, 13, 14, 15, 16, 17, 18, 20, 21, 22, 23, 24, 28, 29, 30, 31, 32, 33, 34, 35, 36, 38, 39, 40, 41, 42, 43, 44, 45, 46, 47, 50, 51, 52, 53, 54, 55, 56, 57, 60, 62, 64, 65, 66, 67, 68, 70, 71, 72, 73, 74, 75, 76, 77, 78, 80, 81, 82, 83, 85, 86, 89, 90, 91, 92, 93, 94, 95, 96, 97, 98, 99, 100, 101, 104, 105（上圖）, 106, 110, 111, 112, 113, 114, 115, 117, 118（右圖）, 119, 122, 123, 124, 125, 126, 127, 128, 130, 131, 132, 133, 134, 135, 138, 139（上圖）, 140（上圖）, 141, 142, 143（右圖）, 144, 145, 147, 148, 149, 154, 156, 157, 158, 160, 162, 164, 166, 167, 168, 169, 170, 172, 173, 174, 177, 178（上圖）, 179, 182, 184 |
| Courtesy of NASA / Author's collection | 美國太空總署／本書作者私人收藏 | 146, 153, 165 |
| Courtesy of NASA / Emil Petrinic©2018 | 美國太空總署／埃米爾・彼得里奇（Emil Petrinic）©2018 | 48, 102, 120, 150, 151 |
| Courtesy of NASA / KCL Collection | 美國太空總署／英國倫敦國王學院（King's College London） | 84, 88, 116, 139（下圖）, 140（下圖）, 143（左圖）, 152, 155, 178（下圖） |
| Courtesy of the US Air Force | 美國空軍 | 19, 61, 69 |
| Courtesy of the US Department of Defense | 美國國防部 | 9, 10 |
| Courtesy of the US Navy | 美國海軍 | 12 |

這是藝術家對首次在月球上展露容顏的阿姆斯壯的印象。雖然阿姆斯壯在月球漫步的大部分時間裡都是把頭盔裡的金色觀察窗拉下來遮住臉，但是他確實會在有陰影或陰暗處把觀察窗打開來。這張圖，根據阿姆斯壯後來的說法，的確有掌握到他在最初時刻的感受和神情。